"十四五"国家重点出版物出版规划项目

长江水生生物多样性研究丛书

国家出版基金项目
NATIONAL PUBLICATION FOUNDATION

长江 水生生物多样性管理

姚维志　王　琳　苏胜齐　吕红健　付　梅　著

科学出版社｜山东科学技术出版社
北　京　　　　　　济　南

内 容 简 介

本书较为系统地介绍了有关长江水生生物多样性管理的政策法规体系，总结了长江水生生物多样性面临的主要威胁及管理工作的目标和重点任务，在此基础上，分别从捕捞渔业管理、水生生物重要物种管理、水生生物多样性监测管理、水生生物保护区建设与管理、水生生物增殖放流管理、水生生物生境修复管理、水生生物外来物种管理、涉水工程管理等方面介绍了长江水生生物多样性管理的主要内容和方法。最后，本书简要介绍了长江水生生物多样性管理工作相关执法部门的职责和任务。

本书可作为承担水生生物管理工作的政府相关部门工作人员和执法人员及从事水生生物多样性保护工作的相关研究者和从业者的参考书籍。

图书在版编目（CIP）数据

长江水生生物多样性管理 / 姚维志等著 . -- 北京 ：科学出版社，2025. 3.
（长江水生生物多样性研究丛书）. -- ISBN 978-7-03-081505-7

Ⅰ. Q178.51

中国国家版本馆 CIP 数据核字第 20257SM504 号

责任编辑：王　静　朱　瑾　白　雪　陈　昕　徐睿璠 / 责任校对：张小霞
责任印制：肖　兴　王　涛 / 封面设计：懒　河

科学出版社 和山东科学技术出版社 联合出版
北京东黄城根北街 16 号
邮政编码：100717
http://www.sciencep.com
北京中科印刷有限公司印刷
科学出版社发行　各地新华书店经销
*
2025 年 3 月第 一 版　开本：787×1092 1/16
2025 年 3 月第一次印刷　印张：6 1/2
字数：175 000
定价：98.00 元
（如有印装质量问题，我社负责调换）

"长江水生生物多样性研究丛书"
组织撰写单位

组织单位　中国水产科学研究院

牵头单位　中国水产科学研究院长江水产研究所

主要撰写单位

中国水产科学研究院长江水产研究所

中国水产科学研究院淡水渔业研究中心

中国水产科学研究院东海水产研究所

中国水产科学研究院资源与环境研究中心

中国水产科学研究院渔业工程研究所

中国水产科学研究院渔业机械仪器研究所

中国科学院水生生物研究所

中国科学院南京地理与湖泊研究所

中国科学院精密测量科学与技术创新研究院

水利部中国科学院水工程生态研究所

国家林业和草原局中南调查规划院

华中农业大学

西南大学

内江师范学院

江西省水产科学研究所

湖南省水产研究所

湖北省水产科学研究所

重庆市水产科学研究所

四川省农业科学院水产研究所

贵州省水产研究所

云南省渔业科学研究院

陕西省水产研究所

青海省渔业技术推广中心

九江市农业科学院水产研究所

其他资料提供及参加撰写单位

全国水产技术推广总站

中国水产科学研究院珠江水产研究所

中国科学院成都生物研究所

曲阜师范大学

河南省水产科学研究院

"长江水生生物多样性研究丛书"
编 委 会

"长江水生生物多样性研究丛书"

序

长江，作为中华民族的母亲河，承载着数千年的文明，是华夏大地的血脉，更是中华民族发展进程中不可或缺的重要支撑。它奔腾不息，滋养着广袤的流域，孕育了无数生命，见证着历史的兴衰变迁。

然而，在时代发展进程中，受多种人类活动的长期影响，长江生态系统面临严峻挑战。生物多样性持续下降，水生生物生存空间不断被压缩，保护形势严峻。水域生态修复任务艰巨而复杂，不仅关乎长江自身生态平衡，更关系到国家生态安全大局及子孙后代的福祉。

党的十八大以来，以习近平同志为核心的党中央高瞻远瞩，对长江经济带生态环境保护工作作出了一系列高屋建瓴的重要指示，确立了长江流域生态环境保护的总方向和根本遵循。随着生态文明体制改革步伐的不断加快，一系列政策举措落地实施，为破解长江流域水生生物多样性下降这一世纪难题、全面提升生态保护的整体性与系统性水平创造了极为有利的历史契机。

为了切实将长江大保护的战略决策落到实处，农业农村部从全局高度统筹部署，精心设立了"长江渔业资源与环境调查（2017—2021）"项目（简称长江专项）。此次调查由中国水产科学研究院总牵头，由危起伟研究员担任项目首席专家，中国水产科学研究院长江水产研究所负责技术总协调，并联合流域内外24家科研院所和高校开展了一场规模宏大、系统全面的科学考察。长江专项针对长江流域重点水域的鱼类种类组成及分布、鱼类资源量、濒危鱼类、长江江豚、渔业生态环境、消落区、捕捞渔业和休闲渔业等8个关键专题，展开了深入细致的调查研究，力求全面掌握长江水生生态的现状与问题。

"长江水生生物多样性研究丛书"便是在这一重要背景下应运而生的。该丛书以长江专项的主要研究成果为核心，对长江水生生物多样性进行了深度梳理与分析，同时广泛吸纳了长江专项未涵盖的相关新近研究成果，包括长江流域分布的国家重点保护野生两栖类、爬行类动物及软体动物的生物学研究和濒危状况，以及长江水生生物管理等有关内容。该丛书包括《长江鱼类图鉴》《长江流域水生生物多样性及其现状》《长江国家重点保护水生野生动物》《长江流域渔业资源现状》《长江重要渔业水域环境现状》《长江流域消落区生态环境空间观测》《长江外来水生生物》《长江水生生物保护区》《赤水河水生生物与保护》《长江水生生物多样性管理》共 10 分册。

这套丛书全面覆盖了长江水生生物多样性及其保护的各个层面，堪称迄今为止有关长江水生生物多样性最为系统、全面的著作。它不仅为坚持保护优先和自然恢复为主的方针提供了科学依据，为强化完善保护修复措施提供了具体指导，更是全面加强长江水生生物保护工作的重要参考。通过这套丛书，人们能够更好地将"共抓大保护，不搞大开发"的要求落到实处，推动长江流域形成人与自然和谐共生的绿色发展新格局，助力长江流域生态保护事业迈向新的高度，实现生态、经济与社会的可持续发展。

中国科学院院士：陈宜瑜

2025 年 2 月 20 日

"长江水生生物多样性研究丛书"

前　言

　　长江是中华民族的母亲河，是我国第一、世界第三大河。长江流域生态系统孕育着独特的淡水生物多样性。作为东亚季风系统的重要地理单元，长江流域见证了渔猎文明与农耕文明的千年交融，其丰富的水生生物资源不仅为中华文明起源提供了生态支撑，更是维系区域经济社会可持续发展的重要基础。据初步估算，长江流域全生活史在水中完成的水生生物物种达4300种以上，涵盖哺乳类、鱼类、底栖动物、浮游生物及水生维管植物等类群，其中特有鱼类特别丰富。这一高度复杂的生态系统因其水文过程的时空异质性和水生生物类群的隐蔽性，长期面临监测技术不足与研究碎片化等挑战。

　　现存的两部奠基性专著——《长江鱼类》（1976年）与《长江水系渔业资源》（1990年）系统梳理了长江206种鱼类的分类体系、分布格局及区系特征，揭示了环境因子对鱼类群落结构的调控机制，并构建了50余种重要经济鱼类的生物学基础数据库。然而，受限于20世纪中后期的传统调查手段和以渔业资源为主的单一研究导向，这些成果已难以适应新时代长江生态保护的需求。

　　20世纪中期以来，长江流域高强度的经济社会发展导致生态环境急剧恶化，渔业资源显著衰退。标志性物种白暨豚、白鲟的灭绝，鲥的绝迹，以及长江水生生物完整性指数降至"无鱼"等级的严峻现状，迫使人类重新审视与长江的相处之道。2016年1月5日，在重庆召开的推动长江经济带发展座谈会上，习近平总书记明确提出"共抓大保护，不搞大开发"，为长江生态治理指明方向。在此背景下，农业农村部于2017年启动"长江渔业资源与环境调查（2017—2021）"财政专项（以下简称长江专项），开启了长江水生生物系统性研究的新阶段。

　　长江专项联合24家科研院所和高校，组织近千名科技人员构建覆盖长江干流（唐古拉山脉河源至东海入海口）、8条一级支流及洞庭湖和鄱阳湖的立体监测网络。采用20km×20km网格化站位与季节性同步观测相结合等方式，在全流域65个固定站位，开展了为期五年（2017～2021年）的标准化调查。创新应用水声学探测、遥感监测、无人机航测等技术手段，首次建立长江流域生态环境本底数据库，结合水体地球化学技术解析水体环境时空异质性。长江专项累计采集25万条结构化数据，建立了数据平台和长江水生生物样本库，为进一步研究评估长江鱼类生物多样性提供关键支撑。

本丛书依托长江专项调查数据，由青年科研骨干深入系统解析，并在唐启升等院士专家的精心指导下，历时三年精心编集而成。研究深入揭示了长江水生生物栖息地的演变，获取了长江十年禁渔前期（2017~2020年）长江水系水生生物类群时空分布与资源状况，重点解析了鱼类早期资源动态、濒危物种种群状况及保护策略。针对长江干流消落区这一特殊生态系统，提出了自然性丧失的量化评估方法，查清了严重衰退的现状并提出了修复路径。为提升成果的实用性，精心收录并厘定了430种长江鱼类信息，实拍300余种鱼类高清图片，补充收集了130种鱼类的珍贵图片，编纂完成了《长江鱼类图鉴》。同时，系统梳理了长江水生生物保护区建设、外来水生生物状况与入侵防控方案及珍稀濒危物种保护策略，为管理部门提供了多维度的决策参考。

《赤水河水生生物与保护》是本丛书唯一一本聚焦长江支流的分册。赤水河作为长江唯一未在干流建水电站的一级支流，于2017年率先实施全年禁渔，成为长江十年禁渔的先锋，对水生生物保护至关重要。此外，中国科学院水生生物研究所曹文宣院士团队历经近30年，在赤水河开展了系统深入的研究，形成了系列成果，为理解长江河流生态及生物多样性保护提供了宝贵资料。

本研究虽然取得重要进展，但仍存在监测时空分辨率不足、支流和湖泊监测网络不完善等局限性。值得欣慰的是，长江专项结题后农业农村部已建立常态化监测机制，组建"长江流域水生生物资源监测中心"及沿江省（市）监测网络，标志着长江生物多样性保护进入长效治理阶段。

在此，谨向长江专项全体项目组成员致以崇高敬意！特别感谢唐启升、陈宜瑜、朱作言、王浩、桂建芳和刘少军等院士对项目立项、实施和验收的学术指导，感谢张显良先生从论证规划到成果出版的全程支持，感谢刘英杰研究员、林祥明研究员、方辉研究员、刘永新研究员等在项目执行、方案制定、工作协调、数据整合与专著出版中的辛勤付出。衷心感谢农业农村部计划财务司、渔业渔政管理局、长江流域渔政监督管理办公室在"长江渔业资源与环境调查（2017—2021）"专项立项和组织实施过程中的大力指导，感谢中国水产科学研究院在项目谋划和组织实施过程中的大力指导和协助，感谢全国水产技术推广总站及沿江上海、江苏、浙江、安徽、江西、河南、湖北、湖南、重庆、四川、贵州、云南、陕西、甘肃、青海等省（市）渔业渔政主管部门的鼎力支持。最后感谢科学出版社编辑团队辛勤的编辑工作，方使本丛书得以付梓，为长江生态文明建设留存珍贵科学印记。

危起伟　研究员　　　　　　　曹文宣　院士
中国水产科学研究院长江水产研究所　中国科学院水生生物研究所

2025年2月12日

前　言

　　长江不仅是中华民族的母亲河，也是全球最重要的淡水生态系统之一。她孕育了丰富的水生生物多样性，从青藏高原的涓涓细流到东海之滨的浩荡江海，从古老的特有物种到复杂的生态网络，长江的每一滴水都承载着生命的奇迹。然而，随着人类活动的加剧，长江水生生物多样性正面临前所未有的挑战。过度捕捞、栖息地破碎化、水体污染、外来物种入侵等问题的交织叠加，以及中华鲟、长江江豚等旗舰物种濒临灭绝的警示，不断叩击着人类与自然和谐共生的底线。在这样的背景下，《长江水生生物多样性管理》一书的出版，既是对长江生态危机的回应，也是对未来可持续发展的探索。

　　长江水生生物多样性是自然馈赠的瑰宝，其价值远超物种存续本身。

　　生态层面，长江水生生物多样性是维持长江流域生态平衡的核心。从上游的急流到中下游的湖泊湿地，水生生物构成了长江复杂的食物网：各种饵料生物为鱼类提供食物、鱼类调控饵料生物数量、水生高等植物为鱼类提供产卵基质、底栖动物净化水质，珍稀物种如中华鲟、长江鲟、江豚的存在更是生态健康的"晴雨表"。若生物多样性持续衰退，将引发连锁反应，威胁整个流域的生态安全。

　　经济层面，长江渔业资源曾支撑着数十万渔民的生计，而健康的生态系统对农业灌溉、航运安全、旅游业发展至关重要。例如，刀鲚、鲥等经济鱼类资源的衰退不仅意味着生物多样性的损失，更直接影响流域渔业的可持续发展。

　　文化与精神层面，长江水生生物深深融入中华文明的血脉。白鱀豚被誉为"长江女神"，中华鲟被称为"水中活化石"，它们的存在是历史记忆的载体，也是文化认同的象征。保护这些物种，本质上是对人类文明根基的守护。

　　对长江水生生物多样性的保护，绝非简单的物种拯救，而是一项需要科学规划、系统施策的复杂工程。管理工作在此过程中扮演着"统筹者"与"守护者"的双重角色。

　　其一，通过制度设计平衡保护与发展的矛盾。例如，"长江十年禁渔"政策以短期经济代价换取生态恢复空间，管理部门需协调禁渔补偿、渔民转产安置、执法监督等环节，确保政策落地见效。

其二,以科技赋能精准治理。从通过卫星遥感监测栖息地变化,到通过声呐追踪江豚活动轨迹,再到通过 DNA 条形码技术鉴定水生生物物种,现代科技正成为破解管理难题的利器。

其三,推动多元主体协同共治。政府、科研机构、企业、社区、公众等利益相关方的参与,是构建长效保护机制的关键。例如,将退捕渔民转化为护渔员,既解决生计问题,又壮大保护力量,实现"从捕鱼人到护鱼人"的转型。

这些实践表明,科学的管理不仅能遏制生态退化,更能激发人与自然的共生潜能。

长江水生生物多样性管理涉及"水、陆、空"多维空间和"政、产、学、研"多方主体,需打破部门壁垒,形成治理合力。

农业农村部门负责渔业资源管理,主导禁渔执法与增殖放流;生态环境部门统筹水污染防治与生态修复项目;水利部门调控水资源分配,保障生态流量;交通运输部门规范航运活动,减少船舶污染与栖息地干扰;林草部门负责自然保护区管理;地方政府则负责属地化政策落实。

长江水生生物多样性管理也是一门高度交叉的学科,生态学与环境科学是基石,需掌握物种生活史、群落演替规律、生态系统服务评估等知识;水文学与工程学为栖息地修复提供技术支撑;法学与公共政策知识帮助管理者厘清权责边界、完善法律体系;经济学与社会学则用于评估保护成本效益,设计生态补偿机制,引导社区参与。

《长江水生生物多样性管理》的出版,旨在实现三重目标:梳理相关法律和政策,为决策部门制定和完善管理制度提供参考;详解水生生物多样性管理所涉各领域的操作流程,为管理部门提供指南;通过相关知识的解析,为公众提高生态保护意识提供认知窗口。

由于长江水生生物多样性管理工作涉及面极为广泛,相关的法律和制度也在不断完善之中,加之作者水平所限,本书必定还存在一些错漏之处,恳请广大读者不吝指教,帮助我们不断改进。

姚维志　王　琳

2024 年 8 月

目　录

01

第 1 章　长江水生生物管理相关法律法规

习近平总书记在党的二十大报告中指出，"在法治轨道上全面建设社会主义现代化国家""全面推进国家各方面工作法治化"。长江水生生物管理必须在法治的轨道上推进，相关的法律法规是做好长江水生生物保护工作的根本依据。

1.1 《中华人民共和国长江保护法》

1.1.1 《中华人民共和国长江保护法》的亮点

为了加强长江流域生态环境保护和修复，促进资源合理高效利用，保障生态安全，实现人与自然和谐共生、中华民族永续发展，我国从2021年3月1日起开始施行《中华人民共和国长江保护法》（以下简称《长江保护法》），这是我国首部流域法律（叶汉青等，2023）。

《长江保护法》包括总则、规划与管控、资源保护、水污染防治、生态环境修复、绿色发展、保障与监督、法律责任和附则共九章九十六条。《长江保护法》的出台及施行形成了保护母亲河的硬约束机制。"共抓大保护、不搞大开发"首次被写入法律（董传举和赵镔，2023）。

《长江保护法》主要有四大亮点：

——做好统筹协调、系统保护的顶层设计。

法律规定国家建立长江流域协调机制，统一指导、统筹协调，整体推进长江保护工作；按照中央统筹、省负总责、市县抓落实的要求，建立长江保护工作机制，明确各级政府及有关部门、各级河湖长的职责分工；建立区域协调协作机制，明确长江流域相关地方根据需要在地方性法规和政府规章制定、规划编制、监督执法等方面开展协调与协作，切实增强长江保护和发展的系统性、整体性、协同性。

——坚持把保护和修复长江流域生态环境放在压倒性位置。

法律通过规定更高的保护标准、更严格的保护措施，加强山水林田湖草整体保护、系统修复。例如，强化水资源保护，加强饮用水水源保护和防洪减灾体系建设，完善水量分配和用水调度制度，保证河湖生态用水需求；落实党中央关于长江禁渔的决策部署，加强禁捕管理和执法工作等。

——突出共抓大保护、不搞大开发。

法律准确把握生态环境保护和经济发展的辩证统一关系，共抓大保护、不搞大开发。设立"规划与管控"一章，充分发挥长江流域发展规划、国土空间规划、生态环境保护规划等的引领和约束作用，通过加强规划管控和负面清单管理，优化产业布局，调整产业结构，划定生态保护红线，倒逼产业转型升级，破除旧动能、培育新动能，实现长江流域科学、有序、绿色、高质量发展。

——坚持责任导向，加大处罚力度。

法律强化考核评价与监督，实行长江流域生态环境保护责任制和考核评价制度，建立长江保护约谈制度，规定国务院定期向全国人大常委会报告长江保护工作；坚持问题导向，针对长江禁渔、岸线保护、非法采砂等重点问题，在现有相关法律的基础上补充和细化有关规定，并大幅提高罚款额度，增加处罚方式，补齐现有法律的短板和不足，切实增强法律制度的权威性和可执行性。

此外，《长江保护法》还对长江流域资源调查与监测预警、防灾减灾与应急管理、信息共享和公众参与、长江源头保护、水生生物保护、城乡融合发展、综合立体化交通体系建设、港口船舶升级改造、长江流域生态保护补偿、司法服务保障建设、长江文化保护等方面进行了规定。

1.1.2 《中华人民共和国长江保护法》中有关水生生物保护的重要规定

1. 水生生物重要栖息地的禁航、限航

"第二十七条 国务院交通运输主管部门会同国务院自然资源、水行政、生态环境、农业农村、林业和草原主管部门在长江流域水生生物重要栖息地科学划定禁止航行区域和限制航行区域。

禁止船舶在划定的禁止航行区域内航行。因国家发展战略和国计民生需要，在水生生物重要栖息地禁止航行区域内航行的，应当由国务院交通运输主管部门商国务院农业农村主管部门同意，并应当采取必要措施，减少对重要水生生物的干扰。

严格限制在长江流域生态保护红线、自然保护地、水生生物重要栖息地水域实施航道整治工程；确需整治的，应当经科学论证，并依法办理相关手续。"

根据上述规定，除原先海事管理机构因安全等因素划定的禁航区外，水生生物重要栖息地未来也可能被划定为禁航区或限航区，对船舶航行需要加以关注。此外，航道整治工程也将受到更严格的限制。

2. 保障生态用水

"第三十一条 国家加强长江流域生态用水保障。国务院水行政主管部门会同国务院有关部门提出长江干流、重要支流和重要湖泊控制断面的生态流量管控指标。其他河湖生态流量管控指标由长江流域县级以上地方人民政府水行政主管部门会同本级人民政府有关部门确定。

国务院水行政主管部门有关流域管理机构应当将生态水量纳入年度水量调度计划，保证河湖基本生态用水需求，保障枯水期和鱼类产卵期生态流量、重要湖泊的水量和水位，保障长江河口咸淡水平衡。

长江干流、重要支流和重要湖泊上游的水利水电、航运枢纽等工程应当将生态用水调度纳入日常运行调度规程，建立常规生态调度机制，保证河湖生态流量；其下泄流量不符合生态流量泄放要求的，由县级以上人民政府水行政主管部门提出整改措施并监督实施。"

大量水库群建设和工程调水，造成长江流域水生生境破碎化，鱼类资源数量减少，同时造成中下游湖泊、湿地面积大量萎缩，生物多样性降低；与此同时，局部河段水电开发

建设密度大，水电站不能保障生态流量下泄，坝下河段还出现减（脱）水现象。因此，如何统筹协调好生活、生产、生态环境用水，加强生态流量管控，切实保障生态用水，保护和改善长江流域生态环境，是推进安澜、绿色、和谐、美丽长江建设的关键，对实现长江经济带绿色发展具有重要意义。

3. 建立流域水生生物完整性评价体系

"第四十一条　国务院农业农村主管部门会同国务院有关部门和长江流域省级人民政府建立长江流域水生生物完整性指数评价体系，组织开展长江流域水生生物完整性评价，并将结果作为评估长江流域生态系统总体状况的重要依据。长江流域水生生物完整性指数应当与长江流域水环境质量标准相衔接。"

长江是世界上水生生物物种最为丰富的河流之一。保护好长江的生物多样性，事关国家的生态安全和长远发展。因长期受到多种人为干扰的影响，长江流域的水生生物资源已经严重衰退。习近平总书记在深入推动长江经济带发展座谈会上指出，长江生物完整性指数到了最差的"无鱼"等级。为解决习近平总书记关注的长江生物完整性指数的问题，《长江保护法》在长江流域标准体系建设的有关规定中，增加了生物完整性指数的内容，明确有关部门和地方人民政府根据物种资源状况建立长江流域水生生物完整性指数评价体系，并将其变化状况作为评估长江流域生态系统和水生生物总体状况的重要依据。完整的水生态环境指标是生物完整性的基础和保障，而现行水环境质量标准仅采用化学指标不足以保护长江流域生态环境和生物多样性，不利于对生态系统的保护，必须建立长江流域水生生物完整性指数评价体系（范姣艳和汪健健，2023）。

4. 实施流域重点生物保护规划

"第四十二条　国务院农业农村主管部门和长江流域县级以上地方人民政府应当制定长江流域珍贵、濒危水生野生动植物保护计划，对长江流域珍贵、濒危水生野生动植物实行重点保护。

国家鼓励有条件的单位开展对长江流域江豚、白鱀豚、白鲟、中华鲟、长江鲟、鲥、鲴、四川白甲鱼、川陕哲罗鲑、胭脂鱼、鳤、圆口铜鱼、多鳞白甲鱼、华鲮、鲈鲤和葛仙米、弧形藻、眼子菜、水菜花等水生野生动植物生境特征和种群动态的研究，建设人工繁育和科普教育基地，组织开展水生生物救护。

禁止在长江流域开放水域养殖、投放外来物种或者其他非本地物种种质资源。"

近年来，我国野生生物保护法律法规和生物多样性保护体系不断完善，就地保护体系初步建立，有效维护了重点区域生态系统的完整性和自然性。生物保护规划的制定立足大局，全面考虑，强化保护措施，加强科技支撑，有助于加快生物资源的保护与恢复。

5. 严格捕捞管理

"第五十三条　国家对长江流域重点水域实行严格捕捞管理。在长江流域水生生物保护区全面禁止生产性捕捞；在国家规定的期限内，长江干流和重要支流、大型通江湖泊、长江河口规定区域等重点水域全面禁止天然渔业资源的生产性捕捞。具体办法由国务院农业农村主管部门会同国务院有关部门制定。

国务院农业农村主管部门会同国务院有关部门和长江流域省级人民政府加强长江流域禁捕执法工作,严厉查处电鱼、毒鱼、炸鱼等破坏渔业资源和生态环境的捕捞行为。

长江流域县级以上地方人民政府应当按照国家有关规定做好长江流域重点水域退捕渔民的补偿、转产和社会保障工作。

长江流域其他水域禁捕、限捕管理办法由县级以上地方人民政府制定。"

长江是我国"淡水渔业的摇篮",但长江渔业资源年均捕捞产量已降低至不足 10 万吨,仅占我国水产品总产量的 0.15%。伴随着渔业资源的严重衰退,部分渔民为获取捕捞收益,使用"绝户网""电毒炸"等非法渔具渔法竭泽而渔,使渔业资源锐减。因此制定科学可持续的捕捞和禁渔政策,缓解长江流域渔业资源压力,对长江渔业资源养护具有重要意义(蔡佳敏,2023)。

6. 修复河湖水系连通

"第五十四条 国务院水行政主管部门会同国务院有关部门制定并组织实施长江干流和重要支流的河湖水系连通修复方案,长江流域省级人民政府制定并组织实施本行政区域的长江流域河湖水系连通修复方案,逐步改善长江流域河湖连通状况,恢复河湖生态流量,维护河湖水系生态功能。"

河湖水系连通既是我国新时期提出的治水新理念,又是实现水安全与经济社会可持续发展的重大战略举措。我国水资源时空分布不均,与经济社会发展布局不相匹配,一些地区水资源承载能力和调配能力不足,部分江河和地区洪涝水宣泄不畅,河湖湿地萎缩严重,水环境恶化。积极推进河湖水系连通,进一步完善水资源配置格局,合理有序开发利用水资源,全面提高水资源调控水平,增强抗御水旱灾害能力,改善水生态环境,对保障国家供水安全、防洪安全、粮食安全、生态安全,支撑经济社会可持续发展具有重要意义。

7. 水生生物重要栖息地保护

"第五十九条 国务院林业和草原、农业农村主管部门应当对长江流域数量急剧下降或者极度濒危的野生动植物和受到严重破坏的栖息地、天然集中分布区、破碎化的典型生态系统制定修复方案和行动计划,修建迁地保护设施,建立野生动植物遗传资源基因库,进行抢救性修复。

在长江流域水生生物产卵场、索饵场、越冬场和洄游通道等重要栖息地应当实施生态环境修复和其他保护措施。对鱼类等水生生物洄游产生阻隔的涉水工程应当结合实际采取建设过鱼设施、河湖连通、生态调度、灌江纳苗、基因保存、增殖放流、人工繁育等多种措施,充分满足水生生物的生态需求。"

针对长江流域数量急剧下降或者极度濒危的野生动植物和受到严重破坏的栖息地、天然集中分布区、破碎化分布区的典型生态系统的保护,《中华人民共和国环境保护法》(以下简称《环境保护法》)、《中华人民共和国野生动物保护法》(以下简称《野生动物保护法》)、《中华人民共和国渔业法》(以下简称《渔业法》)、《中华人民共和国水生野生动物保护实施条例》(以下简称《水生野生动物保护实施条例》)、《中华人民共和国野生植物保护条例》（以下简称《野生植物保护条例》）、《中华人民共和国自然保护区条例》（以下简称《自然保护区条例》）等已有明确条文规定。本条文是针对相关规定的强化与提升。例如，《环境保护法》第二十九条规定，各级人民政府对具有代表性的各种类型的自然生态系统区域，珍稀、濒危的野生动植物自然分布区域，重要的水源涵养区域，具有重大科学文化价值的地质构造、著名溶洞和化石分布区、冰川、火山、温泉等自然遗迹，以及人文遗迹、古树名木，应当采取措施予以保护，严禁破坏。《野生动物保护法》第十七条规定，国家加强对野生动物遗传资源的保护，对濒危野生动物实施抢救性保护。国务院野生动物保护主管部门应当会同国务院有关部门制定有关野生动物遗传资源保护和利用规划，建立国家野生动物遗传资源基因库，对原产我国的珍贵、濒危野生动物遗传资源实行重点保护。《野生植物保护条例》第五条规定，国家鼓励和支持野生植物科学研究、野生植物的就地保护和迁地保护；第十四条规定，野生植物行政主管部门和有关单位对生长受到威胁的国家重点保护野生植物和地方重点保护野生植物应当采取拯救措施，保护或者恢复其生长环境，必要时应当建立繁育基地、种质资源库或者采取迁地保护措施。《自然保护区条例》第二条规定，本条例所称自然保护区，是指对有代表性的自然生态系统、珍稀濒危野生植物物种的天然集中分布区、有特殊意义的自然遗迹等保护对象所在的陆地、陆地水体或者海域，依法划出一定面积予以特殊保护和管理的区域。《渔业法》第三十二条规定，在鱼、虾、蟹洄游通道建闸、筑坝，对渔业资源有严重影响的，建设单位应当建造过鱼设施或者采取其他补救措施；第三十七条规定，国家对白鱀豚等珍贵、濒危水生野生动物实行重点保护，防止其灭绝。禁止捕杀、伤害国家重点保护的水生野生动物。因科学研究、驯养繁殖、展览或者其他特殊情况，需要捕捞国家重点保护的水生野生动物的，依照《中华人民共和国野生动物保护法》的规定执行。《水生野生动物保护实施条例》第七条规定，渔业行政主管部门应当组织社会各方面力量，采取有效措施，维护和改善水生野生动物的生存环境，保护和增殖水生野生动物资源。

1.2 《中华人民共和国渔业法》

《渔业法》于 1986 年 1 月 20 日由中华人民共和国第六届全国人民代表大会常务委员会第 14 次会议通过，当日由中华人民共和国主席令第三十四号令公布，自 1986 年 7 月 1 日起实施。现行版本为 2013 年 12 月 28 日第十二届全国人民代表大会常务委员会第六次会议第四次修正（董传举，2021）。

现行《渔业法》共有六章五十条。包括：

第一章　总则，阐明了渔业法的立法目的、适用的对象和范围、渔业生产的基本方针、各级人民政府的职责和渔业监督的原则。

第二章　养殖业，规定了我国养殖业的生产方针和养殖业的有关管理制度。

第三章　捕捞业，规定了我国捕捞业的生产方针和捕捞业的有关管理制度，包括捕捞许可制度、渔业船舶检验制度等。

第四章　渔业资源的增殖和保护，规定了征收渔业资源增殖保护费制度和渔业资源保护制度。

第五章　法律责任，规定了违反渔业法应当承担的各种法律责任。

第六章　附则，规定了关于渔业法实施细则的制定、实施办法和实施时间等方面的内容。

《渔业法》对渔业资源增殖和保护做了详细规定（陈青，2022）。主要内容如下。

1.2.1　征收渔业资源增殖保护费，增殖渔业资源

《渔业法》第二十八条规定，"县级以上人民政府渔业行政主管部门应当对其管理的渔业水域统一规划，采取措施，增殖渔业资源。县级以上人民政府渔业行政主管部门可以向受益的单位和个人征收渔业资源增殖保护费，专门用于增殖和保护渔业资源。渔业资源增殖保护费的征收办法由国务院渔业行政主管部门会同财政部门制定，报国务院批准后施行"。目前，征收渔业资源增殖保护费制度已成为我国渔业资源增殖保护的主要制度，并制定和颁布了专门的收费和使用办法。

1.2.2　保护水产种质资源及其生存环境

《渔业法》第二十九条规定，国家保护水产种质资源及其生存环境，并在具有较高经济价值和遗传育种价值的水产种质资源的主要生长繁育区域建立水产种质资源保护区。未经国务院渔业行政主管部门批准，任何单位或者个人不得在水产种质资源保护区内从事捕捞活动。

第四十五条规定，未经批准在水产种质资源保护区内从事捕捞活动的，责令立即停止捕捞，没收渔获物和渔具，可以并处一万元以下的罚款。

1.2.3　限制捕捞作业

为保护渔业资源，《渔业法》规定了对捕捞作业的若干限制，包括：

1）禁止使用炸鱼、毒鱼、电鱼等破坏渔业资源的方法进行捕捞；

2）禁止制造、销售、使用禁用的渔具；

3）禁止在禁渔区、禁渔期进行捕捞；

4）禁止使用小于最小网目尺寸的网具进行捕捞；

5）捕捞的渔获物中幼鱼不得超过规定的比例；

6）在禁渔区或者禁渔期内禁止销售非法捕捞的渔获物。

重点保护的渔业资源品种及其可捕捞标准，禁渔区和禁渔期，禁止使用或者限制使用的渔具和捕捞方法，最小网目尺寸以及其他保护渔业资源的措施，由国务院渔业行政主管部门或者省、自治区、直辖市人民政府渔业行政主管部门规定。

有关违反捕捞作业的限制和禁止规定的法律责任，《渔业法》规定，使用炸鱼、毒鱼、电鱼等破坏渔业资源方法进行捕捞的，违反关于禁渔区、禁渔期的规定进行捕捞的，或者使用禁用的渔具、捕捞方法和小于最小网目尺寸的网具进行捕捞或者渔获物中幼鱼超过规定比例的，没收渔获物和违法所得，处五万元以下的罚款；情节严重的，没收渔具，吊销捕捞许可证；情节特别严重的，可以没收渔船；构成犯罪的，依法追究刑事责任。在禁渔

区或者禁渔期内销售非法捕捞的渔获物的，县级以上地方人民政府渔业行政主管部门应当及时进行调查处理。制造、销售禁用的渔具的，没收非法制造、销售的渔具和违法所得，并处一万元以下的罚款。

1.2.4 保护有重要经济价值的水生动物苗种

《渔业法》第三十一条规定，禁止捕捞有重要经济价值的水生动物苗种。因养殖或者其他特殊需要，捕捞有重要经济价值的苗种或者禁捕的怀卵亲体的，必须经国务院渔业行政主管部门或者省、自治区、直辖市人民政府渔业行政主管部门批准，在指定的区域和时间内，按照限额捕捞。

在水生动物苗种重点产区引水用水时，应当采取措施，保护苗种。

1.2.5 保护渔业水域生态环境

渔业生产依赖渔业资源，要保护渔业资源，就要保护渔业赖以生存的渔业水域生态环境。在这方面，《渔业法》做出了一些明确规定。包括：

1. 对影响渔业资源和生态环境的施工作业的规定

1）在鱼、虾、蟹洄游通道建闸、筑坝，对渔业资源有严重影响的，建设单位应当建造过鱼设施或者采取其他补救措施。

2）禁止围湖造田。沿海滩涂未经县级以上人民政府批准，不得围垦；重要的苗种基地和养殖场所不得围垦。

3）进行水下爆破、勘探、施工作业，对渔业资源有严重影响的，作业单位应当事先同有关县级以上人民政府渔业行政主管部门协商，采取措施，防止或者减少对渔业资源的损害；造成渔业资源损失的，由有关县级以上人民政府责令赔偿。

4）用于渔业并兼有调蓄、灌溉等功能的水体，有关主管部门应当确定渔业生产所需的最低水位线。

2. 防止渔业水域环境污染

关于防止渔业水域环境污染，《渔业法》要求"各级人民政府应当采取措施，保护和改善渔业水域的生态环境，防治污染。"

渔业水域生态环境的监督管理和渔业污染事故的调查处理，依照《中华人民共和国海洋环境保护法》和《中华人民共和国水污染防治法》的有关规定执行。

造成渔业水域生态环境破坏或者渔业污染事故的，依照《中华人民共和国海洋环境保护法》和《中华人民共和国水污染防治法》的规定追究法律责任。

1.2.6 保护珍贵、濒危水生野生动物

保护珍贵、濒危水生野生动物对保护水生生物种质资源、维护水生生态系统完整性和水生生物多样性具有重要意义。《渔业法》第三十七条规定，国家对白鱀豚等珍贵、濒危

水生野生动物实行重点保护，防止其灭绝。禁止捕杀、伤害国家重点保护的水生野生动物。因科学研究、驯养繁殖、展览或者其他特殊情况，需要捕捞国家重点保护的水生野生动物的，依照《中华人民共和国野生动物保护法》的规定执行。

1.3 《中华人民共和国野生动物保护法》

《中华人民共和国野生动物保护法》是为了保护野生动物，拯救珍贵、濒危野生动物，维护生物多样性和生态平衡，推进生态文明建设，促进人与自然和谐共生而制定的法律。确立了保护优先、规范利用、严格管理的原则，从猎捕、交易、利用、运输、食用野生动物的各个环节进行了规范。作为野生动物保护领域最重要的法律，它一共经历过 5 次修订或修正，现行《野生动物保护法》于 2022 年 12 月 30 日修订通过，自 2023 年 5 月 1 日起施行，共五章六十四条，包括总则、野生动物及其栖息地保护、野生动物管理、法律责任、附则。总体来讲，随着这部法律的不断修改完善，我国的野生动物保护状况也在逐渐好转。

《野生动物保护法》规定保护的野生动物，是指珍贵、濒危的陆生、水生野生动物和有重要生态、科学、社会价值的陆生野生动物。珍贵、濒危的水生野生动物以外的其他水生野生动物的保护，适用《中华人民共和国渔业法》等有关法律的规定。

《野生动物保护法》将野生动物分为陆生野生动物和水生野生动物，分别由林业和草原及渔业主管部门主管。各级人民政府负责制定野生动物及其栖息地相关保护规划和措施，并将野生动物保护经费纳入预算。具体保护举措可以归纳为以下几类。

1.3.1 对野生动物实行分类分级保护

对野生动物实行分类分级保护，是经充分的科学调查后，根据野生动物种群数量、受威胁程度以及栖息地状况，制定出的科学保护策略。国家重点保护的野生动物分为一级保护野生动物和二级保护野生动物。长江流域分布的白鱀豚、白鲟、中华鲟、长江鲟、川陕哲罗鲑、胭脂鱼、大鲵等都是国家重点保护野生动物。此外还有地方重点保护野生动物，各地有所不同。新修订的《野生动物保护法》新增了每五年对名录进行科学论证评估调整的规定，以使野生动物保护名录更加科学合理。

1.3.2 加强对野生动物栖息地的保护

新修订的《野生动物保护法》健全了栖息地保护制度，规定县级以上人民政府野生动物保护主管部门应当加强信息技术应用，定期组织或者委托有关科学研究机构对野生动物及其栖息地状况进行调查、监测和评估，建立健全野生动物及其栖息地档案。国务院野生动物保护主管部门应当会同国务院有关部门，根据野生动物及其栖息地状况的调查、监测和评估结果，确定并发布野生动物重要栖息地名录。拓展了对"自然保护地"的定义范畴，扩大了野生动物受保护区域面积，强调了任何组织和个人有保护野生动物及其栖息地的义务，禁止破坏野生动物栖息地。明确依法将野生动物重要栖息地划入国家公园、自然保护区等自然保护地进行严格保护。将有重要生态、科学、社会价值的陆生野生动物纳入应急救助范围，加强野生动物收容救护能力建设，建立收容救护场所，配备相应的专业技术人员、救护工具、设备和药品等。

1.3.3 野生动物物种的管理

《野生动物保护法》规定了禁止猎捕、杀害国家重点保护野生动物。因科学研究、种群调控、疫源疫病监测或者其他特殊情况，需要猎捕国家一级保护野生动物的，应当向国务院野生动物保护主管部门申请特许猎捕证；需要猎捕国家二级保护野生动物的，应当向省、自治区、直辖市人民政府野生动物保护主管部门申请特许猎捕证。

1.3.4 加强外来物种防控

新修订的《野生动物保护法》明确规定从境外引进的野生动物物种不得违法放生、丢弃，确需将其放生至野外环境的，应当遵守有关法律法规的规定；发现来自境外的野生动物对生态系统造成危害的，县级以上人民政府野生动物保护等有关部门应当采取相应的安全控制措施。同时规范野生动物放生活动。

1.4 《长江水生生物保护管理规定》

新修订的《长江水生生物保护管理规定》（以下简称《规定》），于2021年12月1日经农业农村部第15次常务会议审议通过，自2022年2月1日起施行。《规定》根据《长江保护法》《渔业法》《野生动物保护法》等有关法律、行政法规制定，旨在加强长江流域水生生物保护和管理，维护生物多样性，保障流域生态安全。

1.4.1 《规定》出台的背景意义

长江禁渔是为全局计、为子孙谋的重要决策。目前长江禁渔开局起步良好，基本实现了"一年起好步、管得住"的目标，下一步要深入贯彻习近平总书记重要指示精神，按照"三年强基础、顶得住，十年练内功、稳得住"的思路，聚焦渔政执法监管能力建设、长江水生生物保护管理和完整性指数评价等，加强制度设计，完善配套规章办法，打好"组合拳"，健全长效机制。压实地方责任，强化督查考核，持续盯紧抓实，确保各项制度措施落实落地。要加强宣传和政策解读，及时回应公众关切，引导形成普遍共识和良好氛围，培育发展优势特色产业，继续做好退捕渔民就业和安置保障，夯实长江禁渔社会基础。

《规定》出台的意义和价值是多方面的，主要体现在以下两个方面。

第一，对水生生物的保护乃至对长江生态的保护具有重要意义。水生生物作为自然生态系统中重要的一部分，对生态系统的循环和良好发展具有不可替代的作用，水生生物的生存情况也是评价江河健康状况的最终指标。落实长江保护相关制度，促进流域的绿色发展，其最终成果也要通过水生生物生存的状况得以体现。只有生物种群持续繁衍，生物多样性逐渐恢复，生物栖息地完整存在，才能证明流域保护的相关制度和工作取得了积极成效，发挥了应有作用。从这个意义上来讲，对水生生物的保护攸关生态健康整体工作全局。在这样的背景下，《规定》的出台契合当前现实需求，即通过对水生生物的保护，达到对长江生态保护的目的。

第二，对推动长江保护法律法规的有效衔接和协调统一具有重要意义。《规定》立足于生物保护和绿色发展，是对《长江保护法》的全面贯彻落实。《长江保护法》中涵盖大量有关水生生物保护的条款，多次提到"水生生物"关键词，涉及生物栖息地、资源保护、科学研究、捕捞管理等诸多与长江生物保护密切相关的内容。《规定》的出台有助于推动将《长江保护法》中各项制度设计落到实处，真正发挥其作用。《规定》的基本原则、监测体系、保护计划、禁捕制度等，都是对水生生物领域的一次聚焦。它将现有的法律法规中分散的各类规定统一起来，不仅可以有效贯彻长江生态保护理念，还有助于促进长江生物保护法律法规的统一协调。《规定》以落实长江大保护的迫切要求为基础，对于我国长江流域生态修复、绿色发展的实践具有重要意义。

1.4.2 《规定》的主要亮点

《规定》共五章三十二条，与《长江渔业资源管理规定》相比，全面落实《长江保护法》等现行法律要求，构建长江水生生物保护管理体系。主要体现在以下 7 个方面。

一是调整立法理念目标。确立了新的长江水生生物保护管理的主要目标，重点强调监测和调查、保护措施、禁捕管理，加强长江流域水生生物保护和管理，维护生物多样性，保障流域生态安全，推进生态文明建设。

二是坚持保护优先原则。按照"生态优先、绿色发展""共抓大保护、不搞大开发"的总体思路，明确了长江水生生物及其栖息地保护管理的基本原则，即坚持统筹协调、科学规划，实行自然恢复为主、自然恢复与人工修复相结合的系统治理。

三是明确管理体制机制。对照新一轮国家和地方机构改革带来的体制机制及部门职责变化情况，明确了农业农村部、长江流域渔政监督管理办公室、长江水生生物科学委员会的职责范围和各级农业农村部门的管理职责，增加了公众参与、奖惩激励等条款。

四是细化监测和调查管理。全面加强对水生生物资源的监测调查及其管理，包括建立监测网络和评价体系，开展资源普查、专项调查、多样性调查、科研调查、应急调查，对水生生物完整性指数评价进行了明确规定。

五是强化保护管理措施。明确制定保护计划，开展栖息地保护、落实生态修复措施、加强航行管理、开展环境影响评价，落实生态补偿措施，以及建立应急救护体系、规范增殖放流和加强外来物种防范等管理措施，将《长江保护法》的相关要求及目前的保护措施予以明确。

六是明确禁捕管理措施。全面加强对渔业生产活动的管理，强调落实长江十年禁渔管理制度，加强保护物种利用和专项（特许）捕捞管理，明确制定禁用渔具渔法目录，规范大水面生态渔业发展，加强开放水域垂钓管理，改善执法条件能力，强化执法监管。

七是新增违规处罚条款。增殖放流、垂钓和违规携带网具等现象较为普遍，对资源环境和管理秩序的影响较大，且一旦构成违法，处罚措施很重。为发挥行政执法的警示作用，防范违法行为发生，增加增殖放流、垂钓管理和禁止在禁渔期携带禁用网具进入禁捕水域条款，明确对违规增殖放流、垂钓和携带禁用网具等一般违规行为的处罚力度。

1.5 《国务院办公厅关于加强长江水生生物保护工作的意见》

为贯彻落实党中央、国务院关于加强生态文明建设和推动长江经济带发展的系列决策部署，全面加强长江水生生物保护工作，2018年9月24日国务院办公厅印发了《国务院办公厅关于加强长江水生生物保护工作的意见》（国办发〔2018〕95号）（以下简称《意见》），从国家政策顶层设计的高度确立了长江水生生物保护工作的制度框架和措施体系，是指导长江生物资源保护和水域生态修复工作的纲领性文件。

1.5.1 《意见》出台背景

受拦河筑坝、水域污染、过度捕捞、交通运输、航道整治、挖砂采石等影响，长江水生生物的生存环境日趋恶化，生物多样性指数持续下降，特别是珍稀特有物种全面衰退。因此，习近平总书记指出"长江病了，而且病得还不轻""长江生物完整性指数到了最差的'无鱼'等级"。急需进一步加强长江水生生物保护和管理。

1.5.2 《意见》总体思路

一是着眼保护全局。按照节约资源和保护环境的基本国策，把长江生态修复摆在压倒性位置，共抓大保护、不搞大开发，坚持保护优先、自然恢复为主的方针，坚持全面规划、系统修复、整体推进、分步实施的总体思路，覆盖加强生态修复、拯救濒危物种、加强生境保护、严控涉水行为、加强执法监管、完善生态补偿、强化支撑保障、加强宣传教育等有关方面。

二是坚持问题导向。《意见》聚焦涉水工程、水域污染、过度捕捞、航道整治、挖砂采石等对长江水生生物产生不利影响的关键环节，针对以珍稀濒危物种为代表的生物多样性保护面临的突出制约因素，进一步健全、严格管控制度，强化保护修复措施，着力破解长江生态难题。

三是强化保障措施。通过提升监管能力、健全协作机制、完善补偿机制、健全监测网络、强化科技支撑、加快保护立法、加大投入力度、拓宽资金来源、提升公众养护意识等措施，保障《意见》顺利实施和取得实效。

四是落实责任主体。针对重发展、轻保护的片面认识和保护投入不足、保护手段薄弱等问题，强化地方政府在长江水域生态环境保护中的主体责任，明确各有关部门和执法机构监管职责,严格绩效考核和督查问责制度。

1.5.3 《意见》目标任务

《意见》综合考虑了当前水生生物保护的紧迫性任务和今后一段时间内科学合理的保护规划,分别设置了近期目标和远景目标。具体包括:到2020年,长江流域重点水域实现常年禁捕,水生生物保护区建设和监管能力显著提升,保护功能充分发挥,重要栖息地得到有效保护,关键生境修复取得实质性进展,水生生物资源恢复性增长,水域生态环境恶化和水生生物多样性下降趋势基本遏制。到2035年,长江流域生态环境明显改善,水生生物栖息生境得到全面保护,水生生物资源显著增长,水域生态功能有效恢复。

1.5.4 《意见》框架体系

《意见》共提出了八部分二十二条具体政策措施,基本涵盖了有关长江水生生物保护工作的全过程和各环节。

第一部分,总体要求。确立了长江水生生物保护工作的指导思想,提出了"树立红线思维,留足生态空间""落实保护优先,实施生态修复""坚持全面布局,系统保护修复"3条基本原则,明确了2020年和2035年这2个关键时间节点的主要目标。

第二部分,开展生态修复。提出了"实施生态修复工程""优化完善生态调度""科学开展增殖放流""推进水产健康养殖"4条意见,要求通过水生生物"三场一通道"保护和修复、江湖连通工程、水库运行的生态影响评价、生态调度机制及运行、增殖放流规范和规划制定、养殖水域滩涂规划制定、水产养殖技术创新性研究和生态健康养殖等各类措施,使水生生物获得恢复性增长,关键栖息地得以有效修复。

第三部分,拯救濒危物种。提出了"实施珍稀濒危物种拯救行动""全面加强水生生物多样性保护"2条意见,要求加快实施以中华鲟、长江鲟、长江江豚为代表的珍稀濒危水生生物抢救性保护行动,重点保护水生野生动物名录和保护等级更新,严格水生生物保护执法,开展一批珍稀濒危物种人工繁育和种群恢复工程等措施,全方位提升水生生物多样性保护能力和水平。

第四部分,加强生境保护。提出了"强化源头防控""加强保护地建设""提升保护地功能"3条意见,要求强化国土空间规划中的水生生物保护,强化涉及水生生物重要栖息地的规划和项目的环境影响评价,加强保护区或其他保护地建设和管理,提升涉水生生物保护地的保护能力建设、监测能力建设、日常监管和专项督查,严格检查涉水生生物保护地违法开发利用和保护职责不落实的情况。

第五部分,完善生态补偿。提出了"完善生态补偿机制""推进重点水域禁捕"2条意见,要求科学确定涉水工程对水生生物及栖息地影响补偿范围、标准和用途,修改完善转移支付政策,加强涉水生生物保护区在建和已建项目督查,跟踪评估生态补偿措施落实情况,建立长江流域重点水域禁捕补偿制度,分步实施水生生物保护区全面禁捕以及长江干流和重要支流等重点水域禁捕。

第六部分,加强执法监管。提出了"提升执法监管能力""强化重点水域执法"2条意见,要求加强立法工作，加强执法队伍和装备设施建设，完善行政执法与刑事司法衔接机制，强化水域污染风险预警和防控，健全执法检查和执法督察制度；在重点水域和问题突出水域，定期组织开展专项执法行动，坚决打击非法捕捞行为。

第七部分，强化支撑保障。提出了"加大保护投入""加强科技支撑""提升监测能力"3条意见，要求加强对水生生物保护工作的政策扶持和资金投入，设立长江水生生物保护基金，鼓励企业和公众支持长江水生生物保护事业；深化水生生物保护研究，加快珍稀濒危水生生物人工驯养和繁育技术攻关，开展生态修复技术集成示范；加强水生生物资源监测网络建设，开展水生生物资源与环境本底调查，建立水生生物资源资产台账。

第八部分，加强组织领导。提出了"严格落实责任""强化督促检查""营造良好氛围"3条意见，要求将水生生物保护工作纳入长江流域地方人民政府绩效及河长制、湖长制考核体系，进一步明确长江流域地方各级人民政府在水生生物保护方面的主体责任；建立长江水生生物保护工作落实情况奖惩制度，建立和完善信息发布机制，保护和开发长江渔文化遗产，营造全社会关心支持长江大保护的良好氛围。

参 考 文 献

蔡佳敏. 2023. 《长江保护法》再度规范禁渔制度之必要性. 黑龙江环境通报, 36(4): 116-118.

陈青. 2022. 我国渔业资源管理政策研究. 黑龙江环境通报, 36(4): 116-118.

董传举. 2021. 当代中国渔业法律与法规的正式渊源. 中国水产, (10): 64-66.

董传举, 赵镔. 2023. 论长江流域生物多样性保护的法律规制: 以《长江保护法》为视角. 水产学报, 47(2): 1-10.

范姣艳, 汪健健. 2023. 长江水生生物完整性指数评估制度浅析. 长江技术经济, 7(2): 43-47.

叶汉青, 杨博凯, 陈学义. 2023. 《长江保护法》施行后普法宣传工作推进思考. 法制博览, (7): 157-159.

02

第 2 章　长江水生野生动物管理

2.1 水生野生动物的有关概念

2.1.1 野生动物

一般意义上的野生动物是指非人工驯养的在自然状态下生存繁衍的动物。在野生动物保护和管理中，受法律保护的野生动物有其法定上的特殊含义。根据《野生动物保护法》的规定，受法律保护的野生动物是指珍贵、濒危的陆生、水生野生动物和有重要生态、科学、社会价值的陆生野生动物。

2.1.2 珍稀野生动物

不仅具有经济价值，还具有科学、文化、教育等方面的意义，或在生物学上具有重要意义，且在数量上相对较少的野生动物都被称为珍稀野生动物。

2.1.3 濒危野生动物

濒危野生动物指那些物种的自然种群数量已经很少，以至于威胁物种的生存，或者采取了保护措施，但物种自然种群的数量仍然继续下降，难以恢复的野生动物。简单来讲，濒危野生动物即指有濒临灭绝危险的野生动物。

2.1.4 水生野生动物

学术上水生野生动物的概念指全部生命过程均在水中度过的在自然状态下生存繁衍的动物。相对于陆生野生动物而言，还有介于两者之间的两栖类动物，它们或者某一生命过程必须在陆地（水中）度过，其余时间均在水中（陆地）度过；或者以水域为重要生存条件（如水獭、河狸），但全部时间均在陆地上也可以生存繁衍。在我国的水生野生动物保护和管理工作中，水生野生动物特指《水生野生动物保护实施条例》中所指的珍稀、濒危的水生野生动物；水生野生动物产品，指珍稀、濒危的水生野生动物的任何部分及其衍生物。

2.1.5 重点保护的水生野生动物

根据《野生动物保护法》，我国对珍稀、濒危野生动物实施重点保护。重点保护的野生动物分为国家重点保护野生动物和地方重点保护野生动物两部分。重点保护的水生野生动物指国家和地方重点保护野生动物中的水生动物。

国家重点保护的野生动物分为一级重点保护野生动物和二级重点保护野生动物，前者指具有重要的科学研究价值和经济价值，数量稀少或者濒临灭绝的野生动物；后者指具有科学研究价值和经济价值，数量较少或者有濒临灭绝危险的野生动物。国家重点保护野生动物的名录及其调整，由国务院野生动物行政主管部门制定，报国务院批准公布。

地方重点保护的野生动物指除国家重点保护野生动物以外，由省、自治区、直辖市重点保护的野生动物，其名录由省、自治区、直辖市政府制定并公布，报国务院备案。

2.2 珍稀、濒危水生野生动物与经济水生动物、名贵水生动物的关系

在渔业生产和渔业管理中，通常有经济水生动物、名贵水生动物和珍稀、濒危水生野生动物的概念。经济水生动物一般指为渔业所利用的主要捕捞对象，如带鱼、小黄鱼、马面鲀、蓝圆鲹、对虾、鲤、青鱼、草鱼、鲢、鳙等，它们构成了捕捞生产渔获物的绝大部分。名贵水生动物指那些虽然产量不大，但经济价值很高的水生动物，如鲍鱼、海参、石斑鱼等，它们构成了捕捞生产渔获物的重要组成部分（刘宁，2021）。

珍稀、濒危水生动物与经济或名贵水生动物之间并没有绝对的分界线，一些传统上为渔业所利用的经济水生动物或名贵水生动物，可能会由于过度捕捞、环境恶化及人为活动对其生存条件的破坏等原因，成为珍稀、濒危种类。例如，中华鲟在历史上是长江渔业中重要的捕捞对象，由于现存数量很少，已被列为国家一级重点保护野生动物。一些具有较高经济价值的珍稀、濒危水生野生动物经过人们的有效保护，其资源量可能会恢复到能够重新为渔业生产利用的程度。但一般来说，物种一旦陷入濒危状态，再恢复到原来的数量和规模是十分困难的，因此水生野生动物保护工作是一项非常艰巨而严峻的任务（张祖增等，2022）。

2.3 我国水生野生动物的基本情况

我国海域辽阔，江河湖泊众多，地跨热带、亚热带和温带3个气候带，自然条件极其复杂多样，且受第四纪冰期影响较小。因此，不但有种类繁多的水生动物，而且许多在北半球其他地区早已灭绝的古老遗传种类和一些在进化上属于原始的或孤立的类群被保存下来。这使我国成为世界上水生野生动物种类最丰富的国家之一，并具有种类多、特有性高、珍稀物种数量大等特点。据统计，我国有水生动物近20 000种，其中海洋水生动物约16 200种、淡水水生动物约3300种，此外还有海淡水洄游性鱼类近70种。海洋水生动物中有鱼类3248种、虾蟹类1388种、贝类1923种；淡水动物中有鱼类800余种，其他如甲壳类、贝类、爬行类等也十分丰富。在这些水生动物中，具有较高经济价值和科研价值的名贵、稀有物种达数百种。特别是在长江流域，已经被列入国家重点保护的一、二级水生野生动物就有白鱀豚、中华鲟、长江鲟、白鲟、胭脂鱼、江豚、大鲵等数十种。

但长期以来，由于受自然环境恶化、外来物种入侵、人为破坏等因素的影响，我国水生野生动物数量急剧下降，一些珍稀物种的种群数量不断减少，有的甚至濒临灭绝。例如，

被誉为"水中活化石"的长江中下游的白鱀豚，由于长江流域经济建设事业的不断发展，其原有的生态环境和食物条件等生存条件日益恶化，导致数量严重减少，现存数量已不足100头。又如，在鱼类乃至脊椎动物进化史上占有特殊地位且具有很高经济价值的中华鲟，在1972年至1980年，成体年平均捕捞产量超过500尾。1981年中华鲟到金沙江产卵场的洄游通道被切断，溯江而上的产卵中华鲟被阻隔。产卵群体的减少和产卵场的改变使幼鲟数量急剧减少，各世代补充群体严重不足，使中华鲟迅速濒临灭绝。自1983年开始，中华鲟就被列为国家一级重点保护野生动物。福建省厦门市刘五店海域的文昌鱼，20世纪30年代最高年产量达250t；40年代至50年代初年产量波动在50～100t；50～60年代当地海岸建筑和围垦，造成环境恶化，致使文昌鱼大量死亡和迁移；60年代产量仅为25～35t；70年代以后，年产量仅数十千克，资源已处于濒危状态。

1988年，被列入国务院颁布的《国家重点保护野生动物名录》的水生野生动物有80多种；2000年，修订后的《国家重点保护野生动物名录》中的水生野生动物达到169种；2001年，经专家评审的珍稀、濒危水生野生动物已达到400多种。

2.4 保护水生野生动物的重要性

珍稀、濒危水生野生动植物是国家宝贵的种质资源和生物多样性的重要组成部分，是维持自然生态平衡必不可少的物质基础，在经济、生态、科学、医药、文化、娱乐等方面具有重要价值，也是全人类的共同财富。保护野生动物资源对于维护自然生态平衡，保护生态系统的完整性和水生生物物种多样性、保全水生生物物种资源具有重要意义，同时也是开展科学研究、促进水生生物资源合理利用、发展渔业经济、改善和丰富人民的物质及文化生活，以及促进国际交流、增进各国人民之间的友谊的需要。

水生野生动物保护与管理是我国各级人民政府渔业行政主管部门及其渔政监督管理机构的重要职能之一，也是渔业法规与渔政管理学研究的重要内容。国家为了保护珍稀、濒危的水生野生动物，制定并颁布了《野生动物保护法》《水生野生动物保护实施条例》等法律法规，开展了自然保护区建设、严格控制和管理对水生野生动物的经营利用等一系列水生野生动物保护工作。为加强对珍稀、濒危水生野生动植物保护的科学研究，农业部还于2002年专门成立"农业部濒危水生野生动植物种科学委员会"，进一步推进了水生野生动植物的保护工作。

但是，就目前的情况来看，珍稀、濒危水生野生动物的保护还没有得到全社会的普遍重视，还有一些地区经常发生捕杀水生野生动物和破坏其栖息生态环境的事件，使水生野生动物资源继续受到破坏，许多珍稀物种仍处于濒临灭绝的危险状态。为此，加强珍稀、濒危水生野生动物的保护和管理，仍是渔政管理工作中的一项重要的任务。

2.5 长江流域分布的国家重点保护水生野生动物

为明确各种野生动物的保护地位，便于管理，根据《野生动物保护法》的规定，国务院于 1988 年 12 月 10 日批准了《国家重点保护野生动物名录》（张祖增等，2022）。《国家重点保护野生动物名录》于 2000 年和 2021 年分别进行了修订。在 2021 年新修订的《国家重点保护野生动物名录》中，归渔业部门管理的水生野生动物有 302 种类（294 种和 8 类），其中国家一级保护水生野生动物 45 种和 1 类（红珊瑚科所有种）；国家二级保护水生野生动物 249 种和 7 类（闭壳龟属所有种、金线鲃属所有种、细鳞鲃属所有种、海马属所有种、角珊瑚目所有种、石珊瑚目所有种、苍珊瑚科所有种）。

长江流域分布的国家重点保护水生野生动物

中文名	学名	保护级别	备注
脊索动物门 CHORDATA			
哺乳纲 MAMMALIA			
食肉目	CARNIVORA		
鼬科	Mustelidae		
* 小爪水獭	*Aonyx cinerea*	二级	
* 水獭	*Lutra lutra*	二级	
鲸目 #	CETACEA		
白鱀豚科	Lipotidae		
* 白鱀豚	*Lipotes vexillifer*	一级	
鼠海豚科	Phocoenidae		
* 长江江豚	*Neophocaena asiaeorientalis*	一级	
爬行纲 REPTILIA			
龟鳖目	TESTUDINES		
平胸龟科 #	Platysternidae		
* 平胸龟	*Platysternon megacephalum*	二级	仅限野外种群
地龟科	Geoemydidae		
* 乌龟	*Mauremys reevesii*	二级	仅限野外种群
* 黄喉拟水龟	*Mauremys mutica*	二级	仅限野外种群
* 闭壳龟属所有种	*Cuora* spp.	二级	仅限野外种群
* 地龟	*Geoemyda spengleri*	二级	
鳖科	Trionychidae		
* 鼋	*Pelochelys cantorii*	一级	

中文名	学名	保护级别	备注
* 山瑞鳖	*Palea steindachneri*	二级	仅限野外种群
爬行纲 REPTILIA			
鳄目	CROCODYLIA		
鼍科 #	Alligatoridae		
* 扬子鳄	*Alligator sinensis*	一级	
有尾目	CAUDATA		
小鲵科 #	Hynobiidae		
* 中国小鲵	*Hynobius chinensis*	一级	
* 巫山巴鲵	*Liua shihi*	二级	
* 秦巴巴鲵	*Liua tsinpaensis*	二级	
* 黄斑拟小鲵	*Pseudohynobius flavomaculatus*	二级	
* 贵州拟小鲵	*Pseudohynobius guizhouensis*	二级	
* 金佛拟小鲵	*Pseudohynobius jinfo*	二级	
* 龙洞山溪鲵	*Batrachuperus londongensis*	二级	
* 山溪鲵	*Batrachuperus pinchonii*	二级	
隐鳃鲵科	Cryptobranchidae		
* 大鲵	*Andrias davidianus*	二级	仅限野外种群
蝾螈科	Salamandridae		
* 大凉螈	*Liangshantriton taliangensis*	二级	原名"大凉疣螈"
* 贵州疣螈	*Tylototriton kweichowensis*	二级	
* 川南疣螈	*Tylototriton pseudoverrucosus*	二级	
* 红瘰疣螈	*Tylototriton shanjing*	二级	
两栖纲 AMPHIBIA			
蛙科	Ranidae		
* 务川臭蛙	*Odorrana wuchuanensis*	二级	
硬骨鱼纲 OSTEICHTHYES			
鲟科	Acipenseridae		
* 中华鲟	*Acipenser sinensis*	一级	
* 长江鲟	*Acipenser dabryanus*	一级	原名"达氏鲟"
匙吻鲟科	Polyodontidae		
* 白鲟	*Psephurus gladius*	一级	
鲱形目	CLUPEIFORMES		
鲱科	Clupeidae		
* 鲥	*Tenualosa reevesii*	一级	
鲤形目	CYPRINIFORMES		
亚口鱼科	Catostomidae		原名"胭脂鱼科"
* 胭脂鱼	*Myxocyprinus asiaticus*	二级	仅限野外种群

续表

中文名	学名	保护级别	备注
鲤科	Cyprinidae		
* 稀有鮈鲫	*Gobiocypris rarus*	二级	仅限野外种群
* 鳡	*Luciobrama macrocephalus*	二级	
* 圆口铜鱼	*Coreius guichenoti*	二级	仅限野外种群
* 长鳍吻鮈	*Rhinogobio ventralis*	二级	
* 四川白甲鱼	*Onychostoma angustistomata*	二级	
* 多鳞白甲鱼	*Onychostoma macrolepis*	二级	仅限野外种群
* 金沙鲈鲤	*Percocypris pingi*	二级	仅限野外种群
* 细鳞裂腹鱼	*Schizothorax chongi*	二级	仅限野外种群
* 重口裂腹鱼	*Schizothorax davidi*	二级	仅限野外种群
* 厚唇裸重唇鱼	*Gymnodiptychus pachycheilus*	二级	仅限野外种群
* 岩原鲤	*Procypris rabaudi*	二级	仅限野外种群
鳅科	Cobitidae		
* 红唇薄鳅	*Leptobotia rubrilabris*	二级	仅限野外种群
* 长薄鳅	*Leptobotia elongata*	二级	仅限野外种群
鲇形目	SILURIFORMES		
鮡科	Sisoridae		
* 青石爬鮡	*Euchiloglanis davidi*	二级	
鲑形目	SALMONIFORMES		
鲑科	Salmonidae		
* 川陕哲罗鲑	*Hucho bleekeri*	一级	
* 细鳞鲑属所有种	*Brachymystax* spp.	二级	仅限野外种群
鲉形目	SCORPAENIFORMES		
杜父鱼科	Cottidae		
* 松江鲈	*Trachidermus fasciatus*	二级	仅限野外种群。原名"松江鲈鱼"
节肢动物门 ARTHROPODA			
肢口纲 MEROSTOMATA			
剑尾目	XIPHOSURA		
鲎科 #	Tachypleidae		
* 中国鲎	*Tachypleus tridentatus*	二级	
软体动物门 MOLLUSCA			
双壳纲 BIVALVIA			
蚌目	UNIONIDA		
截蛏科	Solecurtidae		
* 中国淡水蛏	*Novaculina chinensis*	二级	

注：标"*"者，由渔业行政主管部门主管；标"#"者，代表该分类单元所有种均列入名录

2.6 水生野生动物保护和管理的基本原则及主要措施

2.6.1 水生野生动物保护和管理的基本原则

根据我国《野生动物保护法》《水生野生动物保护实施条例》等法律法规的规定，我国在水生野生动物保护和管理方面的基本原则有以下几点（刘洋和赵龙，2022）。

1）我国对珍稀、濒危野生动物实行重点保护。这是我国野生动物保护的最基本原则。为有效实施野生动物重点保护，由国务院主管部门及省、自治区、直辖市分别制定与公布国家和地方重点保护的野生动物名录。

2）禁止捕捉、杀害国家重点保护水生野生动物和出售、收购国家重点保护水生野生动物或其产品。因法律允许的特殊情况捕捉水生野生动物，须申请特许捕捉证；因法律允许的特殊情况出售、收购、利用水生野生动物或其产品，须经有关主管部门批准。进、出口国家重点保护的水生野生动物的，必须经有关主管部门审核批准。

3）国家鼓励驯养繁殖水生野生动物。

4）国务院渔业行政主管部门主管全国水生野生动物管理工作；县级以上地方人民政府渔业行政主管部门主管本行政区域内水生野生动物管理工作。可由渔业行政主管部门所属的渔政监督管理机构行使相应的行政处罚权。

5）我国对重要的水生野生动物资源的利用征收资源保护费。

2.6.2 水生野生动物保护与管理的主要制度和措施

根据我国水生野生动物保护与管理的有关法律法规和管理实践，水生野生动物保护与管理的主要制度和措施包括建立水生野生动植物自然保护区、控制和管理对水生野生动物资源的利用及对水生野生动物的资源调查和濒危物种的救护等（李建军，2024）。

1. 建立水生野生动植物自然保护区

建立自然保护区是保护水生野生动物的主要措施之一。为保护水生动植物物种，特别是具有科学、经济和文化价值的珍稀濒危物种、重要经济物种，以及其自然栖息繁衍生境，国家制定了《中华人民共和国水生动植物自然保护区管理办法》（以下简称《水生动植物自然保护区管理办法》）。其中第六条规定，"凡具有下列条件之一的，应当建立水生动植物自然保护区：

（1）国家和地方重点保护水生动植物的集中分布区、主要栖息地和繁殖地；

（2）代表不同自然地带的典型水生动植物生态系统的区域；

（3）国家特别重要的水生经济动植物的主要产地；

（4）重要的水生动植物物种多样性的集中分布区；

（5）尚未或极少受到人为破坏，自然状态保持良好的水生物种的自然生境；

（6）具有特殊保护价值的水生生物生态环境。"

水生动植物自然保护区分为国家级和地方级。具有重要科学、经济和文化价值，在国内、国际有典型意义或重大影响的水生动植物自然保护区，被列为国家级自然保护区，由国务院渔业行政主管部门或其所在地省级人民政府渔业行政主管部门管理；其他具有典型意义或者重要科学、经济和文化价值的水生动植物自然保护区，被列为地方级自然保护区，由其所在地的县级以上人民政府渔业行政主管部门管理。

在水生动植物自然保护区内，禁止狩猎、捕捞、开矿、采石、挖沙、爆破、新建生产设施等活动及其他一切可能对自然保护区造成破坏的活动，并采取环境监测监视、污染治理、环境条件改善、科学研究、人工繁殖和增殖放流等管理措施，以及组织宣传教育和经过批准的旅游、参观、考察等活动。

2. 控制和管理对水生野生动物资源的利用

1）水生野生动物的捕捉和驯养繁殖许可

为进行水生野生动物科学考察、资源调查、驯养繁殖及承担省级以上科研项目或国家医药生产任务，或为宣传、普及水生野生动物知识或教学、展览需要及其他法律规定的特殊情况，需要捕捉水生野生动物的，必须申请特许捕捉证。其中，捕捉国家一级保护水生野生动物的，须向国务院渔业行政主管部门申请特许捕捉证；捕捉国家二级保护水生野生动物的，须向省、自治区、直辖市渔业行政主管部门申请特许捕捉证。

驯养繁殖国家重点保护的水生野生动物，应持有驯养繁殖许可证。国务院渔业行政主管部门核发国家一级保护水生野生动物的驯养繁殖许可证；省、自治区、直辖市人民政府渔业行政主管部门核发国家二级保护水生野生动物驯养的驯养繁殖许可证。

2）水生野生动物及其产品的出售、收购、运输、携带和进出口管理

因科学研究、驯养繁殖、展览等法律允许的特殊情况，需要出售、收购、利用国家保护水生野生动物及其产品的，须经省级以上渔业行政主管部门审核批准，取得水生野生动物经营利用许可证。其中，出售、收购、利用国家一级保护水生野生动物或其产品的，向省、自治区、直辖市人民政府渔业行政主管部门提出申请，报国务院渔业行政主管部门批准；出售、收购、利用国家二级保护水生野生动物或其产品的，向省、自治区、直辖市人民政府渔业行政主管部门提出申请，并经其批准。

县级以上人民政府渔业行政主管部门和工商行政管理部门共同对水生野生动物或其产品的经营利用进行监督管理。进入集贸市场的水生野生动物或其产品，由工商行政管理部门进行监督管理，渔业行政主管部门协助；在集贸市场以外经营水生野生动物或其产品，由渔业行政主管部门、工商行政管理部门或其授权单位进行监督管理。

运输、携带国家重点保护的水生野生动物或其产品出县境的，应凭特许捕捉证或驯养繁殖证向县级人民政府渔业行政主管部门提出申请，报省、自治区、直辖市人民政府渔业行政主管部门或其授权单位批准，取得《水生野生动物特许运输证》。

从国外引进水生野生动物，应向省、自治区、直辖市人民政府渔业行政主管部门提出申请，经省级以上人民政府渔业行政主管部门指定的科研机构进行科学论证后，报国务院渔业行政主管部门批准；出口国家重点保护的水生野生动物或其产品，凡进出口水生野生动物或其产品和《濒危野生动植物种国际贸易公约》附录中水生野生动物或其产品的，必须报国务院渔业行政主管部门批准；属于贸易性进出口活动的，须由具有有关商品进出口权的单位承担。

3. 对水生野生动物的资源调查和濒危物种的救护

水生野生动物资源调查是正确、有效开展水生野生动物保护和管理的基础。定期组织水生野生动物资源调查，建立资源档案，可为制定水生野生动物资源保护规划、制定及调整国家和地方重点保护水生野生动物名录提供依据。

环境恶化和栖息地遭到破坏是水生野生动物数量减少的主要原因之一。保护和改善水生野生动物的生存环境，是救护濒危水生野生动物的重要举措。具体措施包括：预防和治理水生野生动物集中分布区和栖息地的环境污染；禁止破坏水生野生动物栖息水域、场所和生存条件的行为；对拦河筑坝等工程建设对水生野生动物产生的危害进行评估评价，并采取过鱼通道、迁地保护等补救措施。

濒危水生野生动物物种救护是水生野生动物保护的重要工作。主要措施有：建设水生野生动物物种鉴定和救护中心，建立濒危水生动物救护快速反应体系，对误捕、受伤、搁浅、罚没的水生野生动物予以及时救治、暂养和放生；建设濒危水生野生动物人工驯养繁殖基地，通过人工增殖放流措施，增加濒危水生野生动物天然群体的数量；构建濒危水生野生动物细胞库、精子库、基因库等种质保存体系，进行濒危物种基因保存。

参 考 文 献

李建军. 2024. 野生动物保护的法治化路径研究. 法制博览, 32(11): 43-45.

刘宁. 2021. 浅谈水生野生动物保护管理. 中国水产, (10): 58-60.

刘洋, 赵龙. 2022. 新《国家重点保护野生动物名录》视野下我国水生野生动物法律保护探析. 环境保护与循环经济, 42(10): 98-102.

张祖增, 陆怀熙, 邸卫佳. 2022. 野生动物保护名录制度的法律审视. 沈阳工业大学学报 (社会科学版), 15(3): 1-10.

03

第 3 章 长江捕捞渔业管理

长江是我国淡水渔业的摇篮、鱼类基因的宝库、经济鱼类的原种基地、生物多样性的典型代表，全流域共有纯淡水鱼类294种，淡水鱼类之多居全国各水系之首。但20世纪80年代以来，受过度捕捞等多种人为因素的影响，长江鱼类资源急剧衰退。全流域的捕捞量已经从最高的年四五十万吨减少到年十多万吨。长江捕捞渔业已经陷入"资源越捕越少、生态越捕越糟、渔民越捕越穷"的困境。禁捕工作已经成为长江水生生物保护的关键举措（中共国家发展和改革委员会党组和中央区域协调发展领导小组办公室，2024）。

3.1 长江禁渔制度的发展和演变

3.1.1 长江春季禁渔期的起始

长江是我国第一大河，水系支流众多，流域面积辽阔，水域面积约占全国淡水面积的50%。长江渔业苗种丰富，并有种质优势，且具生长快、抗病力强等特点，在我国淡水渔业经济中具有举足轻重的地位。但随着长江流域经济的发展，长江渔业水域生态环境遭到破坏，渔业资源总量大幅下降。2003年农业部正式实行全长江禁渔期制度时提供的背景资料显示，根据长江渔业资源监测网10多年的监测，渔业资源的衰退速度在加快，渔业捕捞产量明显下降，一些经济鱼类资源已经走向枯竭。

1954年长江流域天然资源捕捞量达45万t，1956～1960年下降到26万t。20世纪80年代年均捕捞量在20万t左右，2003年前后年均捕捞量约为10万t。20世纪60年代以来，长江渔获物中洄游种类减少，渔获物趋于小型化和低龄化。20世纪60年代初，长江上游地地区主要经济鱼类有50余种。70年代中期缩减到30种左右，减少的部分主要是与中游地区与湖泊环境有密切联系的产漂流性卵和半漂流性卵的江湖半洄游性鱼类。进入90年代，主要渔业对象的种类进一步减少到20种左右。海淡水洄游性种类和江湖洄游性种类已成为长江上游及主要支流的稀有品种。

为此，长江渔业资源管理委员会会同沿江各级渔政渔监管理机构，组织各方力量，对长江沿江地区的渔业经济状况、捕捞生产状况及从事捕捞作业的人员状况进行了广泛而深入的调查，且进行了充分的论证，并于2001年正式向农业部提出了长江春季禁渔方案。为了保护长江的渔业资源，农业部从2002年起在全长江流域实施春季禁渔期制度，其中，云南省德钦县以下至葛洲坝禁渔时间为每年2月1日至4月30日；葛洲坝至长江河口禁渔时间为每年4月1日至6月30日。禁渔期间禁止所有捕捞作业。但实行捕捞限额专项管理的凤尾鱼和长江刀鱼捕捞除外。禁渔期间开展长江渔业资源增殖活动（向延平，2024）。

3.1.2 长江春季禁渔期的调整

监测表明，长江春季禁渔期对资源保护发挥了一定作用，但禁渔期的设置还不尽完善，未能保护多种经济鱼类的繁殖群体和幼鱼。因此，沿江一些省市和相关科研部门相继提出了适当调整禁渔期的建议。

为了保证决策的科学性，长江渔业资源管理委员会先后组织多家科研单位和部门，对长江禁渔期制度调整的可行性进行了技术论证。经多次讨论和征求沿江各省（市）渔业主管部门的意见，农业部于 2015 年 12 月发布公告，决定从 2016 年起对全长江的禁渔期进行调整。禁渔范围为青海省曲麻莱县以下至长江河口（东经 122°）的长江干流江段；岷江、沱江、赤水河、嘉陵江、乌江、汉江等重要通江河流在甘肃省、陕西省、云南省、贵州省、四川省、重庆市、湖北省境内的干流江段；大渡河在青海省和四川省境内的干流河段；鄱阳湖、洞庭湖；淮河干流河段。禁渔期统一延长到 4 个月，即每年 3 月 1 日 0 时至 6 月 30 日 24 时。在规定的禁渔区和禁渔期内，禁止所有捕捞作业。禁渔期间，凤鲚（凤尾鱼）、刀鲚（长江刀鱼）、中华绒螯蟹（河蟹）捕捞实行专项管理。因养殖生产或科研调查需要采捕长江天然渔业资源的，须经省级以上渔业行政主管部门批准（向延平，2024）。

3.1.3 赤水河流域率先全面禁渔

赤水河作为长江唯一没有建坝的一级支流，鱼类资源在全长江流域中处于相对良好的水平，但也受到过度捕捞的威胁。在赤水河流域实行全面禁捕，不仅可以更好地保护赤水河的鱼类资源，而且可以作为长江流域全面禁捕试点。经充分论证，农业部于 2016 年 12 月发布了《农业部关于赤水河流域全面禁渔的通告》（农业部通告〔2016〕1 号），规定的禁渔范围为四川省合江县赤水河河口（北纬 28°48′12.62″，东经 105°50′37.17″）以上赤水河流域全部天然水域。禁渔期从 2017 年 1 月 1 日 0 时起至 2026 年 12 月 31 日 24 时止，为期 10 年。在规定的禁渔区和禁渔期内，禁止一切捕捞行为，严禁扎巢取卵，严禁收购、销售禁渔区渔获物。因养殖生产或科研调查等特殊需要采捕水生生物资源的，须经省级以上渔业行政主管部门批准。

为了保证赤水河流域全面禁渔的顺利实施，农业部分别与贵州省政府和四川省泸州市政府签署备忘录，决定联合实施赤水河捕捞渔民的转产转业。2016 年底，赤水河渔民转产转业工作全面完成（陈林强和刘依阳，2024）。

3.1.4 设立长江口禁捕管理区

为巩固和扩大长江禁捕退捕成效，加强长江口水域禁捕管理，2020 年 11 月 19 日，经国务院同意，农业农村部发布《农业农村部关于设立长江口禁捕管理区的通告》（农业农村部通告〔2020〕3 号），决定扩延长江口禁捕范围，设立长江口禁捕管理区。长江口禁捕管理区范围为北纬 31°41′36″、北纬 30°54′、东经 122°15′形成的框形区线，向西以水陆交界线为界。自 2021 年 1 月 1 日起，上海市长江口中华鲟自然保护区、长江刀鲚国家级水产种质资源保护区等水生生物保护区水域，全面禁止生产性捕捞。长江口禁捕管理区以内水域，实行长江流域禁捕管理制度。禁渔期内禁止天然渔业资源的生产性捕捞，并停止发放刀鲚、凤鲚、中华绒螯蟹和鳗苗专项、特许捕捞许可证。在上述禁渔区内因科研、监测、育种等特殊需要采捕的，须经省级渔业行政主管部门专项特许。

3.1.5 长江流域重点水域全面禁捕

为贯彻习近平总书记"把修复长江生态环境摆在压倒性位置"系列重要讲话精神，落实党的十九大报告"以共抓大保护、不搞大开发为导向推动长江经济带发展""健全耕地草原森林河流湖泊休养生息制度"和2017年中央一号文件"率先在长江流域水生生物保护区实现全面禁捕"等要求，切实保护长江水生生物资源，修复水域生态环境，根据《中华人民共和国渔业法》《中华人民共和国自然保护区条例》《水产种质资源保护区管理暂行办法》有关规定，2017年11月5日，农业部发布了《农业部关于公布率先全面禁捕长江流域水生生物保护区名录的通告》（农业部通告〔2017〕6号），决定从2018年1月1日起率先在长江上游珍稀特有鱼类国家级自然保护区等332个水生生物保护区（包括水生动植物自然保护区和水产种质资源保护区）逐步施行全面禁捕（赵宇轩等，2024）。

2019年12月27日，农业农村部发布了《农业农村部关于长江流域重点水域禁捕范围和时间的通告》（农业农村部通告〔2019〕4号），规定《农业部关于公布率先全面禁捕长江流域水生生物保护区名录的通告》（农业部通告〔2017〕6号）公布的长江上游珍稀特有鱼类国家级自然保护区等332个自然保护区和水产种质资源保护区，自2020年1月1日0时起，全面禁止生产性捕捞。有关地方政府或渔业主管部门宣布在此之前实行禁捕的，禁捕起始时间从其规定。今后长江流域范围内新建立的以水生生物为主要保护对象的自然保护区和水产种质资源保护区，自建立之日起纳入全面禁捕范围。

《农业部关于调整长江流域禁渔期制度的通告》（农业部通告〔2015〕1号）公布的长江干流和重要支流有关禁渔区域，即青海省曲麻莱县以下至长江河口（东经122°）的长江干流江段；岷江、沱江、赤水河、嘉陵江、乌江、汉江等重要通江河流在甘肃省、陕西省、云南省、贵州省、四川省、重庆市、湖北省境内的干流江段；大渡河在青海省和四川省境内的干流河段；以及各省确定的其他重要支流。除水生生物自然保护区和水产种质资源保护区以外的天然水域，最迟自2021年1月1日0时起实行暂定为期10年的常年禁捕，其间禁止天然渔业资源的生产性捕捞。

鄱阳湖、洞庭湖等大型通江湖泊除水生生物自然保护区和水产种质资源保护区以外的天然水域，由有关省级渔业主管部门划定禁捕范围，最迟自2021年1月1日0时起，实行暂定为期10年的常年禁捕，其间禁止天然渔业资源的生产性捕捞。

与长江干流、重要支流、大型通江湖泊连通的其他天然水域，由省级渔业行政主管部门确定禁捕范围和时间。

禁捕期间，因育种、科研、监测等特殊需要采集水生生物的，或在通江湖泊、大型水库针对特定渔业资源进行专项（特许）捕捞的，由有关省级渔业主管部门根据资源状况制定管理办法，对捕捞品种、作业时间、作业类型、作业区域、准用网具和捕捞限额等做出规定，报农业农村部批准后组织实施。专项（特许）捕捞作业需要跨越省级管辖水域界限的，由交界水域有关省级渔业主管部门协商管理。在特定水域开展增殖渔业资源的利用和管理，由省级渔业主管部门另行规定并组织实施，避免对禁捕管理产生不利影响。

3.2 长江流域重点水域全面禁捕的主要管理制度

3.2.1 《中华人民共和国渔业法》

第二十九条　国家保护水产种质资源及其生存环境，并在具有较高经济价值和遗传育种价值的水产种质资源的主要生长繁育区域建立水产种质资源保护区。未经国务院渔业行政主管部门批准，任何单位或者个人不得在水产种质资源保护区内从事捕捞活动。

第三十条　禁止使用炸鱼、毒鱼、电鱼等破坏渔业资源的方法进行捕捞。禁止制造、销售、使用禁用的渔具。禁止在禁渔区、禁渔期进行捕捞。禁止使用小于最小网目尺寸的网具进行捕捞。捕捞的渔获物中幼鱼不得超过规定的比例。在禁渔区或者禁渔期内禁止销售非法捕捞的渔获物。

重点保护的渔业资源品种及其可捕捞标准，禁渔区和禁渔期，禁止使用或者限制使用的渔具和捕捞方法，最小网目尺寸以及其他保护渔业资源的措施，由国务院渔业行政主管部门或者省、自治区、直辖市人民政府渔业行政主管部门规定。

第三十一条　禁止捕捞有重要经济价值的水生动物苗种。因养殖或者其他特殊需要，捕捞有重要经济价值的苗种或者禁捕的怀卵亲体的，必须经国务院渔业行政主管部门或者省、自治区、直辖市人民政府渔业行政主管部门批准，在指定的区域和时间内，按照限额捕捞。

在水生动物苗种重点产区引水用水时，应当采取措施，保护苗种。

第三十八条　使用炸鱼、毒鱼、电鱼等破坏渔业资源方法进行捕捞的，违反关于禁渔区、禁渔期的规定进行捕捞的，或者使用禁用的渔具、捕捞方法和小于最小网目尺寸的网具进行捕捞或者渔获物中幼鱼超过规定比例的，没收渔获物和违法所得，处五万元以下的罚款；情节严重的，没收渔具，吊销捕捞许可证；情节特别严重的，可以没收渔船；构成犯罪的，依法追究刑事责任。

在禁渔区或者禁渔期内销售非法捕捞的渔获物的，县级以上地方人民政府渔业行政主管部门应当及时进行调查处理。

制造、销售禁用的渔具的，没收非法制造、销售的渔具和违法所得，并处一万元以下的罚款。

第四十一条　未依法取得捕捞许可证擅自进行捕捞的，没收渔获物和违法所得，并处十万元以下的罚款；情节严重的，并可以没收渔具和渔船。

第四十二条　违反捕捞许可证关于作业类型、场所、时限和渔具数量的规定进行捕捞的，没收渔获物和违法所得，可以并处五万元以下的罚款；情节严重的，并可以没收渔具，吊销捕捞许可证。

第四十五条　未经批准在水产种质资源保护区内从事捕捞活动的，责令立即停止捕捞，没收渔获物和渔具，可以并处一万元以下的罚款。

3.2.2 《中华人民共和国长江保护法》

第五十三条 国家对长江流域重点水域实行严格捕捞管理。在长江流域水生生物保护区全面禁止生产性捕捞；在国家规定的期限内，长江干流和重要支流、大型通江湖泊、长江河口规定区域等重点水域全面禁止天然渔业资源的生产性捕捞。具体办法由国务院农业农村主管部门会同国务院有关部门制定。

国务院农业农村主管部门会同国务院有关部门和长江流域省级人民政府加强长江流域禁捕执法工作，严厉查处电鱼、毒鱼、炸鱼等破坏渔业资源和生态环境的捕捞行为。

长江流域县级以上地方人民政府应当按照国家有关规定做好长江流域重点水域退捕渔民的补偿、转产和社会保障工作。

长江流域其他水域禁捕、限捕管理办法由县级以上地方人民政府制定。

第八十六条 违反本法规定，在长江流域水生生物保护区内从事生产性捕捞，或者在长江干流和重要支流、大型通江湖泊、长江河口规定区域等重点水域禁捕期间从事天然渔业资源的生产性捕捞的，由县级以上人民政府农业农村主管部门没收渔获物、违法所得以及用于违法活动的渔船、渔具和其他工具，并处一万元以上五万元以下罚款；采取电鱼、毒鱼、炸鱼等方式捕捞，或者有其他严重情节的，并处五万元以上五十万元以下罚款。

收购、加工、销售前款规定的渔获物的，由县级以上人民政府农业农村、市场监督管理等部门按照职责分工，没收渔获物及其制品和违法所得，并处货值金额十倍以上二十倍以下罚款；情节严重的，吊销相关生产经营许可证或者责令关闭。

3.2.3 《中华人民共和国刑法》

第三百四十条 违反保护水产资源法规，在禁渔区、禁渔期或者使用禁用的工具、方法捕捞水产品，情节严重的，处三年以下有期徒刑、拘役、管制或者罚金。

3.2.4 《长江水生生物保护管理规定》

第二十三条 长江流域水生生物保护区禁止生产性捕捞。在国家规定的期限内，长江干流和重要支流、大型通江湖泊、长江口禁捕管理区等重点水域禁止天然渔业资源的生产性捕捞。农业农村部根据长江流域水生生物资源状况，对长江流域重点水域禁捕管理制度进行适应性调整。

长江流域其他水域禁捕、限捕管理办法由县级以上地方人民政府制定。

第二十四条 农业农村部和长江流域省级人民政府农业农村主管部门制定并发布长江流域重点水域禁用渔具渔法目录。

禁止在禁渔期携带禁用渔具进入禁渔区。

第二十五条 禁止在长江流域以水生生物为主要保护对象的自然保护区、水产种质资源保护区核心区和水生生物重要栖息地垂钓。

倡导正确、健康、文明的休闲垂钓行为，禁止一人多杆、多线多钩、钓获物买卖等违规垂钓行为。

第二十六条　因人工繁育、维持生态系统平衡或者特定物种种群调控等特殊原因，需要在禁渔期、禁渔区捕捞天然渔业资源的，应当按照《渔业捕捞许可管理规定》申请专项（特许）渔业捕捞许可证，并严格按照许可的技术标准、规范要求进行作业，严禁擅自更改作业范围、时间和捕捞工具、方法等。

县级以上地方人民政府农业农村主管部门应当加强对专项（特许）渔业捕捞行为的监督和管理。

第二十七条　在长江流域发展大水面生态渔业应当科学规划，按照"一水一策"原则合理选择大水面生态渔业发展方式。开展增殖渔业的，按照水域承载力确定适宜的增殖种类、增殖数量、增殖方式、放捕比例和起捕时间、方式、规格、数量等。

严格区分增殖渔业的起捕活动与传统的非增殖渔业资源捕捞生产，增殖渔业起捕应当使用专门的渔具渔法，避免对非增殖渔业资源和重点保护水生野生动植物造成损害。

3.2.5 《农业农村部关于发布长江流域重点水域禁用渔具名录的通告》（农业农村部通告〔2021〕4号）

该通告规定了长江流域重点水域范围内禁用的10类36种渔具。同时规定了因教学、科研等确需使用名录中禁用渔具进行捕捞，需按照有关要求组织专家进行充分论证，严格控制范围、规模、渔获物品种及数量，申请专项（特许）渔业捕捞许可证并明确上述内容。

3.2.6 最高人民法院、最高人民检察院、公安部、农业农村部《关于印发〈依法惩治长江流域非法捕捞等违法犯罪的意见〉的通知》（公通字〔2020〕17号）

该通知在长江流域重点水域全面禁捕实施以来，曾经是查处非法捕捞犯罪行为行刑衔接的重要依据。

其规定，"违反保护水产资源法规，在长江流域重点水域非法捕捞水产品，具有下列情形之一的，依照刑法第三百四十条的规定，以非法捕捞水产品罪定罪处罚：

1. 非法捕捞水产品五百公斤以上或者一万元以上的；

2. 非法捕捞具有重要经济价值的水生动物苗种、怀卵亲体或者在水产种质资源保护区内捕捞水产品五十公斤以上或者一千元以上的；

3. 在禁捕区域使用电鱼、毒鱼、炸鱼等严重破坏渔业资源的禁用方法捕捞的；

4. 在禁捕区域使用农业农村部规定的禁用工具捕捞的；

5. 其他情节严重的情形。"

该通知还规定，"在长江流域重点水域非法猎捕、杀害中华鲟、长江鲟、长江江豚或者其他国家重点保护的珍贵、濒危水生野生动物，价值二万元以上不满二十万元的，应当依照刑法第三百四十一条的规定，以非法猎捕、杀害珍贵、濒危野生动物罪，处五年以下有期徒刑或者拘役，并处罚金；价值二十万元以上不满二百万元的，应当认定为'情节严重'，处五年以上十年以下有期徒刑，并处罚金；价值二百万元以上的，应当认定为'情节特别严重'，处十年以上有期徒刑，并处罚金或者没收财产。"

关于行刑衔接的取证，该通知明确了"对于农业农村（渔政）部门等行政机关在行政执法和查办案件过程中收集的物证、书证、视听资料、电子数据等证据材料，在刑事诉讼或者公益诉讼中可以作为证据使用。农业农村（渔政）部门等行政机关和公安机关要依法及时、全面收集与案件相关的各类证据，并依法进行录音录像，为案件的依法处理奠定事实根基。对于涉案船只、捕捞工具、渔获物等，应当在采取拍照、录音录像、称重、提取样品等方式固定证据后，依法妥善保管；公安机关保管有困难的，可以委托农业农村（渔政）部门保管；对于需要放生的渔获物，可以在固定证据后先行放生；对于已死亡且不宜长期保存的渔获物，可以由农业农村（渔政）部门采取捐赠捐献用于科研、公益事业或者销毁等方式处理。"

关于禁捕中的相关专门性问题。该通知要求，"对于长江流域重点水域禁捕范围（禁捕区域和时间），依据农业农村部关于长江流域重点水域禁捕范围和时间的有关通告确定。涉案渔获物系国家重点保护的珍贵、濒危水生野生动物的，动物及其制品的价值可以根据国务院野生动物保护主管部门综合考虑野生动物的生态、科学、社会价值制定的评估标准和方法核算。其他渔获物的价值，根据销赃数额认定；无销赃数额、销赃数额难以查证或者根据销赃数额认定明显偏低的，根据市场价格核算；仍无法认定的，由农业农村（渔政）部门认定或者由有关价格认证机构作出认证并出具报告。对于涉案的禁捕区域、禁捕时间、禁用方法、禁用工具、渔获物品种以及对水生生物资源的危害程度等专门性问题，由农业农村（渔政）部门于二个工作日以内出具认定意见；难以确定的，由司法鉴定机构出具鉴定意见，或者由农业农村部指定的机构出具报告。"

3.2.7 《最高人民法院、最高人民检察院关于办理破坏野生动物资源刑事案件适用法律若干问题的解释》（法释〔2022〕12号）

该文件自2022年4月9日起施行。其中对非法捕捞水产品罪的立案标准做了修改。

"第三条 在内陆水域，违反保护水产资源法规，在禁渔区、禁渔期或者使用禁用的工具、方法捕捞水产品，具有下列情形之一的，应当认定为刑法第三百四十条规定的'情节严重'，以非法捕捞水产品罪定罪处罚：

（一）非法捕捞水产品五百公斤以上或者价值一万元以上的；

（二）非法捕捞有重要经济价值的水生动物苗种、怀卵亲体或者在水产种质资源保护区内捕捞水产品五十公斤以上或者价值一千元以上的；

（三）在禁渔区使用电鱼、毒鱼、炸鱼等严重破坏渔业资源的禁用方法或者禁用工具捕捞的；

（四）在禁渔期使用电鱼、毒鱼、炸鱼等严重破坏渔业资源的禁用方法或者禁用工具捕捞的；

（五）其他情节严重的情形。

实施前款规定的行为，具有下列情形之一的，从重处罚：

（一）暴力抗拒、阻碍国家机关工作人员依法履行职务，尚未构成妨害公务罪、袭警罪的；

（二）二年内曾因破坏野生动物资源受过行政处罚的；

（三）对水生生物资源或者水域生态造成严重损害的；

（四）纠集多条船只非法捕捞的；

（五）以非法捕捞为业的。

实施第一款规定的行为，根据渔获物的数量、价值和捕捞方法、工具等，认为对水生生物资源危害明显较轻的，综合考虑行为人自愿接受行政处罚、积极修复生态环境等情节，可以认定为犯罪情节轻微，不起诉或者免予刑事处罚；情节显著轻微危害不大的，不作为犯罪处理。"

3.2.8 农业农村部办公厅关于印发《非法捕捞案件涉案物品认（鉴）定和水生生物资源损害评估及修复办法（试行）》的通知（农办渔〔2020〕24号）

在长江流域重点水域全面禁捕的背景下，针对非法捕捞案件中相关认（鉴）定和评估缺乏统一规范的问题，农业农村部制定该文件，对非法捕捞案件中涉案物品认（鉴）定和非法捕捞造成的水生生物资源损害评估的实施主体、程序和方法、评估范围等做出了明确规定。

3.3 长江流域重点水域全面禁捕执法管理工作重点

3.3.1 长江流域重点水域非法捕捞行为的主要类型

根据《渔业法》，在长江流域重点水域内的以下行为应被认定为非法捕捞。

1. 无证捕捞

《渔业法》规定，"国家对捕捞业实行捕捞许可证制度"。由于长江流域禁捕水域已实行全面禁捕，渔民持有的捕捞许可证均已收回，除了因育种、科研、监测等特殊需要采集水生生物的，或在通江湖泊、大型水库针对特定渔业资源进行专项（特许）捕捞的以外，其他对天然渔业资源的捕捞行为属于非法。

2. 在水产种质资源保护区内从事捕捞活动

《渔业法》规定，"任何单位或者个人不得在水产种质资源保护区内从事捕捞活动"。

3. 使用炸鱼、毒鱼、电鱼等破坏渔业资源的方法进行捕捞

《渔业法》规定，"禁止使用炸鱼、毒鱼、电鱼等破坏渔业资源的方法进行捕捞"。

4. 在禁捕水域进行捕捞

《渔业法》规定，"禁止在禁渔区、禁渔期进行捕捞"。

5. 使用小于最小网目尺寸的网具进行捕捞

《渔业法》规定，"禁止使用小于最小网目尺寸的网具进行捕捞"。

6. 捕捞的渔获物中幼鱼超过规定的比例

《渔业法》规定，"捕捞的渔获物中幼鱼不得超过规定的比例"。

7. 捕捞有重要经济价值的水生动物苗种

《渔业法》规定，"禁止捕捞有重要经济价值的水生动物苗种"。

3.3.2 长江流域重点水域禁用渔具和禁用渔法的管理

《农业农村部关于发布长江流域重点水域禁用渔具名录的通告》（农业农村部通告〔2021〕4 号）规定了长江流域重点水域范围内禁用的 10 类 36 种渔具。为了使执法人员更好地识别这些禁用渔具，长江流域渔政监督管理办公室还印发了图文并茂的《长江流域重点水域禁用渔具名录宣传手册》。

但从各地实践情况来看，相当多执法人员对禁用渔具的准确识别还比较困难。部分原因可能是农业执法部门整合以后，很多一线执法人员此前未从事渔政管理，知识储备有限。另外，禁捕以来各地陆续出现一些此前未曾见过的渔具，也给执法人员造成了一定困扰。因此各地还需要不断强化对执法人员的技能培训。

理解并掌握渔具分类的原理和方法，对提高执法人员的管理水平是十分必要的。根据《渔具分类、命名及代号》（GB/T 5147—2003），我国对于捕捞渔具的分类，首先是根据作业原理分为刺网、拖网、围网、地拉网、张网、敷网、抄网、掩罩、陷阱、钓具、耙刺、笼壶等 12 "类"。在同"类"渔具中，再按照结构的不同划为不同的"型"。在同"类"同"型"渔具中，再根据作业方式的不同分为不同的"式"。

因此，执法人员在对查获的渔具进行认定时，第一标准是渔具的作业原理，而不是首先看其结构。《长江流域重点水域禁用渔具名录宣传手册》明确了各类渔具的定义，其中也包括对其作业原理的描述。

"刺网是由若干片网片连接成长带形，将网具设置在水域中，依靠沉浮力使网衣垂直张开，拦截鱼、虾的通道，使其刺挂或缠络于网衣上，达到捕捞目的"。所以，刺网的作业原理是以网目刺挂或缠络捕捞对象。

"拖网是依靠渔船动力拖曳渔具，在经过的水域将鱼、虾、蟹、贝或软体动物强行拖捕入网，达到捕捞目的"。所以，拖网的作业原理是通过渔船拖曳作业，迫使捕捞对象进入网囊。

"围网由网翼和取鱼部或网囊构成，有两种结构类型，一种是由一囊两翼组成，形状如拖网，但两翼很长，网囊很短；另一种是无囊长带形网具。根据捕捞对象集群的特性，利用长带形或一囊两翼的网具包围鱼群，采用围捕或结合围张、围拖等方式，迫使鱼群集中于取鱼部或网囊，从而达到捕捞目的"。所以，围网的作业原理是利用长带形或一囊两翼的网具包围鱼群，迫使鱼群进入取鱼部或网囊，从而达到捕捞目的。

"地拉网按网具结构形式和捕捞对象的不同分为两种：一种是利用长带形的网具（有囊或无囊）包围一定水域后，在岸边或冰上或船上曳行并拔收曳纲和网具，逐步缩小包围圈，迫使鱼类进入网囊或取鱼部达到捕捞的目的。另一种是用带有狭长或宽阔的网盖，网后方结附小囊或长方形网兜的网具，通过岸边收长曳纲，拖曳网具，将其所经过水域的底层鱼类、虾类拖捕到网内，而后至岸边起网取鱼。"所以，地拉网的作业原理是在近岸水域或冰下放网，在岸上或冰上拖曳网具，将底层鱼类、虾类拖捕到网内。

"张网作业是根据捕捞对象的生活习性和作业水域的水文条件，将囊袋型网具，用桩、锚或竹竿、木杆等敷设在河流、湖泊、水库等水域中具有一定水流速度的区域或鱼类等捕捞对象的洄游通道上，依靠水流的冲击，迫使捕捞对象进入网中，从而达到捕捞目的"。所以，张网的作业原理是将网具定置在水域中，利用水流迫使捕捞对象进入网囊。

"敷网作业是将网具敷设在水中，等待、诱集或驱赶捕捞对象进入网的上方，然后提升网具而达到捕捞目的"。所以，敷网的作业原理是预先将网具敷设在水中，等待、诱集或驱赶捕捞对象进入网具上方，然后提升网具而达到捕捞目的。

"陷阱是固定设置在水域中，基于阻断、诱导、分区、陷阱等渔法要素，使捕捞对象受拦截、诱导而陷入的渔具"。所以，陷阱的作业原理是将渔具设置为适宜形状，拦截或诱导捕捞对象，使其陷入而无法逃离。

"钓具作业是在钓线上系结钓钩，并装上诱惑性的饵料（真饵或拟饵），利用鱼类、甲壳类、头足类等动物的食性，诱使其吞食而达到捕获目的"。所以，钓具的作业原理是用钓饵引诱捕捞对象吞食。

"耙刺作业是利用锐利的钩耙箭叉等物直接刺捕鱼类或铲捕贝类，达到捕捞目的"。所以，耙刺的作业原理是用锐利的钩耙箭叉等物刺捕鱼类或铲捕贝类。

"笼壶作业是根据捕捞对象习性，设置洞穴状物体或笼具，诱其入内而捕获"。可见笼壶的作业原理是用洞穴状物体或笼具引诱捕捞对象入内。

3.3.3　长江流域重点水域非法捕捞犯罪的认定

在执行公通字〔2020〕17号期间，从各地实践看，将电鱼、毒鱼、炸鱼等严重破坏渔业资源的禁用方法作为定罪标准是各方共同认可的，也是全面禁捕以来查处的非法捕捞水产品罪的主要类型（庄汉和孙益，2023）。

以"在禁捕区域使用农业农村部规定的禁用工具捕捞的"作为立案标准的也占有较高比例，不少地方以刑事案件查处了一些使用锚鱼竿、吸螺机、三重刺网等禁用渔具的非法捕捞行为。

以"非法捕捞有重要经济价值的水生动物苗种、怀卵亲体或者在水产种质资源保护区内捕捞水产品五十公斤以上或者价值一千元以上的"立案的相对较少。而且对于非法捕捞的水产品价值的认定也存在标准不一的问题，对于"怀卵亲体"但不包括性成熟雄性个体的规定，基层执法部门认为其合理性还需斟酌。

但在2022年4月法释〔2022〕12号实施后，长江流域各地法院和检察院对于非法捕捞犯罪的认定采用了新的标准，其中的最大变化在于取消了"在禁捕区域使用农业农村部规定的禁用工具捕捞的"这项定罪标准。那么，"在禁捕区域使用农业农村部规定的禁用工具捕捞的"还能否刑事立案，成为各地执法过程中需要解决的新问题。

法释〔2022〕12号中关于"在禁渔区（禁渔期）使用电鱼、毒鱼、炸鱼等严重破坏渔业资源的禁用方法或者禁用工具捕捞的"中，"电鱼、毒鱼、炸鱼"属于"等内"行为，毫无疑问是刑事打击的对象。但"电鱼、毒鱼、炸鱼"都属于"禁用方法"而不是"禁用工具"，而法释〔2022〕12号中明确的有"禁用工具"的描述，因此从立法本意分析，这一条款中是包括了"等外"的"禁用工具"的。重庆市农业执法部门与公、检、法机关的座谈交流中，各方均认可这一观点，并且认为农业农村部应该对《农业农村部关于发布长江流域重点水域禁用渔具名录的通告》中列出的禁用渔具的危害程度进行评估，明确哪些禁用工具的危害程度可与电鱼、毒鱼、炸鱼相当，即可以被认定为"电鱼、毒鱼、炸鱼等严重破坏渔业资源的禁用方法或者禁用工具捕捞"中的"等外"类型，从而为长江禁捕的行刑衔接提供依据。

另一个应该引起重视的问题是，无论是公通字〔2020〕17号，还是法释〔2022〕12号，都把非法捕捞水产品的重量或价值作为立案依据之一。但各地以这条标准查处的非法捕捞水产品罪案件相对较少。从调查中了解到，这一现象的主要原因可能是对于非法捕捞水产品价值的认定缺乏标准。

据农业农村部办公厅关于印发《非法捕捞案件涉案物品认（鉴）定和水生生物资源损害评估及修复办法（试行）》的通知（农办渔发〔2020〕24号）第十六条，"属于国家重点保护水生野生动物、《濒危野生动植物种国际贸易公约》附录水生物种、未列入《濒危野生动植物种国际贸易公约》附录水生物种的地方重点保护水生野生动物，其价值评估按照《水生野生动物及其制品价值评估办法》执行。

其他渔获物的价值，根据销售金额进行认定；无销售金额、销售金额难以查证或者根据销售金额认定明显偏低的，根据市场价格进行认定；仍无法认定的，由渔业行政处罚机关认定或者由有关价格认证机构作出认证并出具报告"。

按照该文件的要求，国家重点保护水生野生动物等保护对象的价值认定方法较为明确，但其他渔获物价值的认定，在执法实践中存在一定难度。在长江流域全面禁捕的背景下，并不存在野生鱼类合法的"市场价格"，即使是"黑市"交易，也只是把渔获物作为可以食用的商品进行交易，没有反映出野生鱼类在禁捕水域中的生态价值。所以各地"有关价格认证机构"一般以不属于市场交易为由不愿意对非法捕捞案的渔获物价值做出认定。一些渔业行政处罚机关的认定意见也常常受到诉讼各方的质疑。

为了使长江流域禁捕管理的行刑衔接更为顺畅，农业农村部门可能有必要制定禁捕水域不同鱼类价值的基准值。由于长江沿线各地的渔获物种类和经济发展水平差异较大，这项工作按区域分别开展可能更为合理。

3.4 长江流域重点水域的垂钓管理

3.4.1 长江流域休闲垂钓基本情况

长江流域重点水域禁捕范围内禁止生产性捕捞，但允许有序开展休闲垂钓。由于休闲垂钓人员众多，垂钓水域广泛，钓具钓法多样，休闲垂钓管理已经成为长江流域禁捕管理工作的重要内容。但同时，由于管理制度尚不健全，管理力量相对不足，违规垂钓现象屡禁不止。根据 2022 年全流域非法捕捞查办案件统计数据，生产性垂钓已经占到非法捕捞案件总数的 37.12%，成为非法捕捞的重要形式。

据《2017 年中国钓鱼产业研究分析报告》的不完全统计，我国每年至少参加 4 次钓鱼活动的人数大约为 1.4 亿人。而近两年随着垂钓视频在自媒体和网络上的走红，垂钓人员的真实人数可能更多。中研普华 2017 年的报告显示，中国钓具市场需求量逐年走高，年增速保持在 20% 以上，市场规模达到 93 亿元。《2019 年中国渔业统计年鉴》显示，我国 2018 年休闲垂钓与采集业的营业额达到 284.16 亿元，贡献了三成的休闲渔业产值。

由于我国垂钓人员基数大，且天然水域垂钓不需要另付场地费用，故长江流域天然水域的垂钓人数不容小觑。根据中国水产科学研究院长江水产研究所于 2017 年对于长江中游干流垂钓情况的调查，仅长江中游干流冬季的垂钓者平均密度达到 4.8 人 /km，宜昌、汉口、鄂州等 3 个城市样段的垂钓者密度大于 20 人 /km（高雷等，2023）。由于垂钓行为受天气影响较大，可能在气候更适宜的其他季节，垂钓人数会更多。据重庆市休闲垂钓协会"渝钓通"APP 统计，实名登记的垂钓人员已超过 13 万人，人均钓具使用量为 2.22 套，鱼钩包括单钩和多钩，单套钓具具有 3 钩以上的占 86.6%。饵料类型以商品配合饵料为主，使用率占 62.2%，但仍有部分人员采用活体饵料进行垂钓。

对重庆各地 1025 名垂钓人员的问卷调查显示，垂钓人员年龄多数为 30 ～ 50 岁；约 51% 钓龄在 10 年以上；约 35% 垂钓人员的主要垂钓场所为湖泊、水库，约 52% 垂钓人员的主要垂钓场所为溪流、江河；在垂钓目的上，仅有个别垂钓人员会出售渔获物，约 18% 的垂钓人员以食用为目的垂钓，其余垂钓人员均认为自己垂钓的目的仅为休闲娱乐。

垂钓人员中，每月钓鱼频率在 5 ～ 10 次者居多，占比 46.24%，但同时也存在 8.49% 的爱好者其垂钓频率在每月 20 次以上。

在渔获物处理方面，尽管大部分垂钓者认为自己垂钓是为了休闲娱乐，但选择全部放生渔获物的垂钓者只占 9.93%，绝大多数选择部分放生或食用。

3.4.2 长江流域各地相关管理制度

目前我国休闲垂钓的管理问题主要存在于长江流域，相关管理制度也出自该区域，其他地区尚无可借鉴的管理制度。

2020 年 12 月 16 日印发的《农业农村部办公厅关于进一步加强长江流域垂钓管理工

作的意见》（农办长渔〔2020〕3号），提出了健全管理制度、明确垂钓区域、规范垂钓行为、加强钓获物管理、强化日常执法、严打非法垂钓、强化社会监督等7项主要任务。

根据相关法规和上述文件的要求，长江流域各地相继出台了不同的休闲垂钓管理制度。

1. 省级层面

2021年6月30日，湖北省印发了《省农业农村厅关于加强禁捕水域垂钓管理工作的意见》（鄂农发〔2021〕24号）。

2021年9月13日，重庆市农业农村委员会印发了《重庆市禁捕水域休闲垂钓管理办法（试行）》（渝农规〔2021〕9号），这是长江流域第一个以规范性文件方式出台的省级休闲垂钓管理办法。根据执行过程中发现的问题，2022年6月21日，又以渝农规〔2022〕4号对该管理办法进行了修订，重点是细化了罚则。

2021年12月1日，云南省农业农村厅印发了《云南省农业农村厅关于规范云南省长江流域禁捕水域垂钓管理的通告》。

2021年12月28日，江西省农业农村厅印发了《江西省重点水域垂钓管理办法（试行）》。

2021年12月30日，上海市农业农村委员会印发了《关于加强和规范我市长江口禁捕管理区垂钓管理的通告》（沪农委规〔2021〕13号）。

2022年2月9日，四川省农业农村厅印发了《四川省长江流域禁捕水域休闲垂钓管理办法（试行）》。

2022年11月18日，贵州省农业农村厅印发了《贵州省农业农村厅关于规范贵州省长江流域天然水域垂钓管理的通告（试行）》。

2022年12月16日，湖南省农业农村厅印发了《湖南省禁捕水域垂钓管理办法》（湘农发〔2022〕110号）。

陕西无全省性休闲垂钓管理制度。《商洛市长江天然水域垂钓管理暂行办法》自2021年9月30日起施行。2022年2月11日，汉中市人民政府印发了《关于进一步明确全市长江流域禁捕范围及规范禁捕水域垂钓管理工作的通告》。

2021年11月17日，安徽省农业农村厅向社会公布了《安徽省禁捕水域垂钓管理办法（试行）（征求意见稿）》，但可能受《安徽省实施〈中华人民共和国渔业法〉办法》关于"在禁渔区、禁渔期内，不得从事捕捞活动，不得垂钓，不得收购、销售非法捕捞的渔获物"的限制，该管理办法并未发布。

江苏省2020年8月10日颁布修订的《江苏省渔业管理条例》，对辖区内长江禁捕水域的垂钓活动进行了规范，并在后期进行了完善。

青海省级未专门制定政策措施，由长江流域的玉树、海西、果洛三州下发禁捕通告，实现省内长江流域全面禁止垂钓。

2. 市县层面

从地市层面看，长江流域已出台垂钓管理有关政策的地市有56个。从区县层面看，已制定垂钓管理有关政策的区县有291个，其中，长江流域重点水域县（市、区）有101个，占227个重点县（市、区）的44.49%。

3.4.3 长江流域休闲垂钓管理制度要点

在各地发布的休闲垂钓管理办法中，从内容的完整性和实施效果看，《重庆市禁捕水域休闲垂钓管理办法（试行）》（渝农规〔2021〕9号）是较为成熟的。事实上，长江流域部分省份的相关管理办法主要是参考重庆市的经验制定的，其他各地管理办法的主要内容也基本没有超出重庆市的相关规定。以重庆市为例，管理办法的要点在于：

1）明确休闲垂钓的定义，即"休闲垂钓是指以不破坏渔业资源为原则，以休闲娱乐为目的，钓具钓法和钓获物符合规定，钓获物不用于交易获利的垂钓行为"；

2）规定了禁钓区和禁钓期；

3）规定了禁止使用的垂钓工具和垂钓方法；

4）规定了禁止钓获的鱼类种类；

5）规定了允许钓获的鱼类规格和允许留取的钓获物重量；

6）借助行业协会的信息化服务平台，推进垂钓人员的实名制登记；

7）规定了对违规垂钓行为的处罚条款。

3.4.4 国外关于休闲垂钓和相关领域可资借鉴的典型经验

欧美发达国家和地区目前针对休闲垂钓的管理制度较为完善。这些国家和地区的休闲垂钓产业经历了较长的发展过程，因此也在此过程中逐渐构建了较为完善的法律保障体系。

1. 美国休闲垂钓管理

美国联邦政府和州政府对休闲渔业特别重视，休闲垂钓产业发展快、规模大，在美国经济中具有重要地位，并建立了有关休闲垂钓的法规体系、科学的管理体制及政府与民间组织的良好合作互动机制（王娟等，2021）。

美国联邦政府就先后制定了《运动鱼类恢复法案》《鱼类野生生物法》《国家环境政策法》等6部有关休闲垂钓的法律法规。同时各州政府也根据各自情况因地制宜地制定特别管理规定，并设立垂钓许可证以便管理。《钓鱼规定》是美国垂钓法律。美国职业渔警执法时着统一的警服、警徽，配备无线通信及车载电话，装备手枪、手铐、电警棍等，与刑事警察执法一样齐全。钓鱼执法非常严格，而且一视同仁，从鱼钩到所钓鱼的尺寸都有严格的规定，即使在很偏僻的湖区，钓鱼的人都会严格遵守这一规定，以免受法律的严惩。

在管理执行方面，美国采用多个权力主体共同治理的休闲渔业管理体系。该体系包括联邦政府部门、各州政府、行业协会及各参与主体。而各个权力主体所管辖的事务存在一定的重叠，也可能多个主体共行使同一种职能。这种较为灵活的体系可满足各地区不同的情况和多元化的休闲渔业需求。

美国从20世纪50年代初开始引入垂钓许可制度，目前正在7个州实行。美国参与垂钓的人数占全美总人口的1/5左右。美国还特别成立了休闲渔业协调委员会，且对禁渔区、禁渔期、渔具限制、最小渔获体长及可容许捕捞量等都有严格规定，以防止渔业资源的过度消耗。在公共水域钓鱼的人都要申请钓鱼证，通常价格与证件有效期长短呈正比。交纳400～700美元可获得终身执照。另外还有一年期许可（10～63美元），以及1天、3天或 5 天等短期许可。例如，在得克萨斯州，居民办理一年期钓鱼证只要 23 美元。持有该钓鱼证在江河湖泊等公共水域都可以免费垂钓。警察会不定期检查钓鱼证，对无证垂钓的罚款金额最高可达 2.5 万美元。垂钓者办钓鱼证所缴纳资金主要用于渔区建设和资源保护。

在美国的渔业法规中，对可垂钓的鱼类有严格的限定，如在得克萨斯州，就只允许垂钓包括海鲈鱼、大海鲢、枪鱼等在内的 24 个种类的鱼。有的种类还详细规定了可以垂钓的鱼类细目，如马林鱼只可以垂钓蓝色和白色两种。人们在钓鱼之前都要先学习认识各种各样的鱼。一般在办理钓鱼证之前发放的小册子上都有鱼种类识别的指南。

2. 加拿大休闲垂钓管理

加拿大休闲垂钓分为淡水水域垂钓和海上垂钓，绝大多数（约 95%）休闲垂钓在内陆水域。休闲垂钓是加拿大国内一项十分重要的经济活动，每年有 300 多万人参与。加拿大休闲垂钓实行收费制，各省负责淡水垂钓许可证的发放，联邦政府渔业海洋部负责海上垂钓许可证的发放。加拿大对垂钓的品种和所使用的钓具有较为严格的规定，垂钓者必须按照许可证所列的品种、规格，使用规定的钓具进行垂钓，对于误捕的非垂钓品种或未达到垂钓规格的鱼类应放回水中，违规者将面临严重的处罚。

《2021 年安大略省休闲垂钓规则摘要》是一份内容较为全面的休闲垂钓管理文件。其管理的重点在于钓鱼证和一般钓鱼规则两方面。

关于钓鱼证，该文件规定，除了部分得到豁免的加拿大原住民，几乎所有 18 ～ 64 岁的加拿大人包括外国人想要钓鱼都要获得钓鱼执照；完整的钓鱼执照包含一张户外卡（有效期 3 年）和一份钓鱼执照（期限可从 1 天至 3 年）。钓鱼执照按照钓鱼人习惯的不同分为两种：一是运动钓鱼执照，简称 S 执照，执照后有数字，代表可以钓获的鱼的数量限额，如 S-4 表示捕钓及拥有限额为 4 条；二是保育钓鱼执照，简称 C 执照，同样 C-2 表示捕钓及拥有限额为 2 条。相应地，S 执照更贵，C 执照更便宜。而退伍军人，残障人士，18 岁以下、65 岁及以上人群不用购买执照，但钓获的鱼的限额一样。这里说的钓获数量限额，指的是钓到后可以保留的鱼的数量，当超过限额时要及时放流。

办理垂钓证需要缴纳一定费用，户外卡价格统一为 8.57 加元，约合人民币 40 多元。钓鱼执照的费用按照是否为本地居民、本国居民及时间长短、执照类型收费不同，原则是，本地居民更便宜，带渔获更少的保育钓鱼执照更便宜，时间越长的执照平均到每天的价格越便宜。

关于一般钓鱼规则，主要内容包括：

钓鱼人能保留的渔获数量的规定。安大略全省对鳟鱼和鲑鱼有特别的规定，每人每天最多可保留合计不超过 5 条，如果是保育钓鱼执照，限额更低，只能保留 2 条。对其他种类，每种有 1 ～ 100 尾的限额。关于保留的渔获，条文也有明确的规定，指的是所有钓获后没有及时放生的鱼，如某人钓到鱼后将其放到了自己的鱼桶里，如果遇到保育员的检查，即使该垂钓者觉得自己最后会放生，但如果鱼桶里的鱼超过限额，依然会被罚。

钓鱼鱼钩、鱼线等的规定。每人只能同时使用一根鱼线，部分地区船钓、冰钓时，可以使用两根鱼线。每条鱼线上最多只能有 4 个鱼钩，路亚假饵上的一个三本钩视为一个钩。

其他规定。对于超出限额或不够尺寸的鱼，要立即放生，不能收在鱼桶等容器内。被钓到的入侵物种务必处死，不能放回水中。如果是船钓，船上必须配有活鱼舱，如果鱼舱有鱼，要确保不间断供应氧气，保证鱼的存活。渔船上岸后，或岸钓结束后，不能在陆地上运送活鱼。禁止购买或者贩卖任何休闲垂钓的渔获物。

3. 韩国休闲垂钓管理

早在 1992 年韩国的环境部就曾计划在江河、湖泊、水库等内陆水域引入垂钓许可制度，但由于当时的环境法规不健全，难以规范垂钓行为，而且相关法律解释相互矛盾，加上垂钓团体的强烈反对，不得不作罢。

韩国海洋水产部起初也考虑只允许经过一定时间的正式教育和考试、具备一定资格者可获得垂钓的"许可制"，或垂钓者必须向行政机构登记的"注册制"。但由于垂钓爱好者的强烈抗议，不得不大幅降低限制门槛，转而考虑实行"登记或申报制"。

据韩国海洋水产部统计，目前每年垂钓者多达 570 万人，其中垂钓爱好者也已壮大到 100 万人之多。大量的垂钓活动对海洋及内陆水域造成了严重的生态影响，水产资源及水质遭到破坏和污染。然而韩国的垂钓产业却长期处于停滞状态，因此垂钓学界和业界也呼吁制定合理的法律规范与税收政策，把垂钓这一海洋体育运动发展壮大，并开始研究垂钓产业的发展方案。

2004 年，韩国海洋水产部召集垂钓政策官员、海洋水产政策学者、垂钓相关企业和团体有关人员联合举行研讨会，集中讨论了实行垂钓许可制、禁止非法捕鱼、垂钓导致的环境污染和对垂钓者提供政策支持的方案等问题。特别是在为垂钓者提供的政策支持方面，与会者提出了钓鱼场的管理和保护、水资源的保护开发等国家应制定的具体政策方案。2005 年 5 月初，韩国海洋水产部又一次提出 2006 年起将实行垂钓许可制度，即垂钓者交纳一定的费用取得垂钓执照后，就可在限定时间内垂钓。并从美、法、德等国搜集了相关立法事例和资料，进行分析整理准备借鉴。

据韩国海洋水产部公布的《垂钓等捕鱼娱乐活动管理及培育相关法案》，韩国为限制滥钓行为，保护鱼类资源和生态环境，将推进垂钓申报管理制度。垂钓者必须接受一定时间的教育，向政府登记或申报后才能垂钓。韩国海洋水产部表示，实行垂钓许可制的收益将用于鱼类保护和水质保护。同时韩国政府准备支持设立垂钓民间团体，展开环境保护活动，为培育健康的垂钓文化，制定垂钓基本守则。

《垂钓等捕鱼娱乐活动管理及培育相关法案》还将分散于多部法律的相关法律条文综合统一，并大幅充实内容。具体包括根据地方政府的实际情况限制垂钓量和垂钓地点、限制钓鱼种类和数量、规定产卵期禁钓区域和时间等、引入垂钓场休息年制度、划定海洋垂钓场。同时规定，垂钓者在钓鱼前要向钓鱼场所在地的市郡区长官或海洋警察署署长申报，交纳一定费用取得申报证和包括垂钓基本守则、该地区禁捕鱼种等信息的手册，申报一次可在当地垂钓 1 ～ 5 年，若有违反则可处以 100 万韩元以下罚款。另外，还规定总统令可以划定不需申报者的范围，如在付费钓鱼场、经营性垂钓渔船的钓鱼者，青少年和 65 岁以上老人，以及与垂钓者同行的家属等。同时禁止使用含有砷、铬等有害物质的鱼竿和含有工业色素的鱼饵。

4. 澳大利亚休闲垂钓管理

游钓活动是澳大利亚休闲渔业活动的主要表现形式。澳大利亚政府重视对休闲渔业管理制度的建立和完善，澳大利亚1996年正式出台首部《全国休闲渔业与运动渔业行为准则》以来，分别在2001年、2008年和2010年多次进行修订，其成为适用于澳大利亚所有休闲渔业活动的行为准则。为了更好地实施各项制度，澳大利亚政府成立渔业管理局，同时将较大的权力和责任放到行业组织中。澳大利亚政府各州和领地政府根据本地情况对本辖区的渔获品种、数量、规格、渔期和渔区进行限制，推行游钓许可证制度，而且规定国内所有参加休闲垂钓的公民及经营游船的企业都必须有各地休闲渔业协会发放的许可证。每年政府通过发放许可证能获得高额的资金，再将这些资金用于渔业资源的保护和监测、渔业技术的研发和推广等，而且要求休闲渔业活动必须遵循游钓渔获登记制度。

5. 新西兰休闲垂钓管理

新西兰在河流价值评价系统中采用了休闲垂钓的相关数据。新西兰钓鱼协会每隔6～7年定期开展全国性钓鱼调查（称为国家钓鱼调查），调查工作由国家水文和气象研究所根据合同进行。调查获得了海量数据，其中包括许多有关河流利用等级、根据不同标准评估的各河流和湖泊的相对重要性等定量信息。

综合来看，国外休闲垂钓管理制度是在休闲垂钓活动本身的发展中日益完善的。休闲垂钓管理制度实施较晚的葡萄牙在其制度实施的初期也存在制度运行失效的问题。因此，长江水域的休闲垂钓管理制度的完善也需要一个过程，制度制定后，需要再调研、再改进。另外，也要注重休闲垂钓管理体系的建立。

3.4.5 长江流域休闲垂钓管理中存在的主要问题与对策

1. 是否制定覆盖全流域的管理制度

从管理工作的一致性考虑，有必要制定覆盖全流域的"长江流域禁捕水域休闲垂钓管理办法"。问卷调查也发现，几乎所有的一线执法人员都支持现行的或制定更加严格的管理办法。受访垂钓人员中，79.9%的人认为目前的垂钓行为需要进一步规范，57.3%的人认为即使进一步加强管理，也不会影响其垂钓积极性。当然，个别省份可能存在地方立法对关于禁止垂钓规定的限制。但可以在流域性管理办法中明确，如各省（市、自治区）对垂钓管理更加严格，应从其规定。但是，长江上中下游、江河湖库不同水域类型差异较大，制定统一的垂钓管理办法难度较大，难以细化。因此，即使制定覆盖全流域的垂钓管理制度或办法，与参考国外一样只是一个可供遵循的流域性垂钓准则，各省市还得在此基础上因地制宜地出台可操作的具体管理办法。

2. 垂钓和休闲垂钓的界定

从实践经验看，目前各地的管理办法中关于休闲垂钓的定义是较为合理的。但个别地方出现了不法人员制造和使用以铁块做成的外观似路亚钩的工具用于锚鱼的现象。为了使执法更为严谨，建议在制定管理办法时首先对垂钓做出定义，即垂钓是利用钓饵引诱鱼类摄食而上钩的捕捞方法。

3. 设置禁钓期（禁钓区）还是垂钓期（垂钓区）

目前各地的管理办法普遍设置了禁钓期和禁钓区。调研中有建议认为应该将其修改为垂钓期和垂钓区。

根据《渔业法》，管理部门可以设立"禁渔区"或"禁渔期"，所以设置禁钓期或禁钓区更具有法律依据。而且禁钓期的设置是为了保护鱼类的繁殖期和幼鱼的生长期，一般规定为3月1日至6月30日，科学性和可操作性都比较强，应该继续保留。

从垂钓人员的角度看，垂钓区可能比禁钓区更好理解。但主管部门如果设置了垂钓区，可能需要对该区域承担更多的管理责任，包括环境条件的改善和垂钓人员的安全，而这些责任是否属于相关部门的管理权限还需要进一步分析。另外，设置禁钓区的理由也更充分，如保护区、鱼类重要栖息地等就应该禁止垂钓。

因此总体来看，设置禁钓期（禁钓区）更为合理。

4. 垂钓工具和方法实行白名单还是黑名单

目前的管理办法大多对禁止使用的钓具钓法做出了规定。但由于实际可用的垂钓工具种类繁多，而且还极可能出现一些新的钓具和钓法，为了尽可能减少管理的漏洞，实行白名单可能更有利于管理。

5. 钓取渔获物的留存问题

重庆市规定每位垂钓人员每天可留取的渔获物不超过2.5kg，其他地方也相差不大。调查中绝大多数渔政执法人员对这一限额比较认可，65%以上的垂钓人员也认为是比较合理的。这一限额可以作为流域管理办法的参考。

对于允许留取渔获物的主要种类，还是应该有最小规格的限制。但考虑到不同江段鱼类种类组成和生长情况可能存在差异，可能需要按不同江段或水系分别加以规定。

6. 垂钓许可问题

问卷调查发现，超过70%的执法人员对实行垂钓证持积极态度，约65%的垂钓人员认可推行垂钓证制度。但考虑到管理部门发证涉及行政许可问题，而且在渔民的捕捞证全部收回的背景下，发放垂钓许可证可能引起新的社会矛盾，可能不宜由管理部门发证。比较可行的办法可能是在部分地方通过地方立法解决或通过协会实行实名制登记。值得一提的是，渝钓通或类似APP在垂钓人员实名制登记中发挥了较大作用，78.9%以上的垂钓人员认为其对垂钓管理是有效的。

7. 罚则问题

重庆市的实践证明，没有处罚条款的垂钓管理办法是很难执行的，因此及时对出台不久的管理办法进行了修订。而《重庆市禁捕水域休闲垂钓管理办法（试行）》中的罚则，其依据主要是《重庆市人民代表大会常务委员会关于促进和保障长江流域禁捕工作的决定》，管理办法主要是明确了哪些违规垂钓行为属于该决定中的"情节严重"，处罚标准也源于该决定。《长江水生生物保护管理规定》明确了处罚限额，但是缺少量化标准。

如果制定全流域的垂钓管理办法，处罚条款可能也要有可靠的法律依据。

8. 管理授权问题

问卷调查发现，超过 60% 的一线执法人员认为，应当把对休闲垂钓的监管处罚职能和权力下放到乡镇街道层级，并认为乡镇街道层级有能力行使该权力。考虑到执法力量相对于垂钓人员的严重不足，这一问题在制定全流域管理办法中应该得到充分考虑。同时，还应重视如何发挥社会监督力量，让休闲垂钓人员成为"义务巡逻员""信息情报员"。

参 考 文 献

陈林强, 刘依阳. 2024. 长江流域禁渔政策的区域差异与优化路径: 基于政策文本量化分析和语义网络分析. 农业灾害研究, 14(9): 251-255.

高雷, 刘明典, 田辉伍, 等. 2023. 长江垂钓渔业调查研究. 水产学报, 47(2): 1-8.

王娟, 王柯心, 杨晨. 2021. 美国休闲渔业资源空间分布与多中心治理: 以佛罗里达州为例. 热带地理, 41(4): 734-745.

向延平. 2024. 长江流域禁渔政策的历史演进、理论检视与拓展完善. 重庆三峡学院学报, 40(1): 1-11.

赵宇轩, 张凤, 周文强, 等. 2024. 长江十年禁渔与水生态协同保护的思考. 环境生态学, 6(4): 84-88.

中共国家发展和改革委员会党组, 中央区域协调发展领导小组办公室. 2024. 坚定不移推进长江十年禁渔 奋力谱写长江大保护新篇章. 宏观经济管理, (5): 1-2.

庄汉, 孙益. 2023. 长江流域"十年禁渔"的行刑衔接机制研究. 天津法学, (3): 43-55.

04

第 4 章　水生生物保护区管理

4.1 水生生物保护区的类型

4.1.1 水生生物自然保护区

1. 水生生物自然保护区的概念

根据《自然保护区条例》，自然保护区，是指对有代表性的自然生态系统、珍稀濒危野生动植物物种的天然集中分布区、有特殊意义的自然遗迹等保护对象所在的陆地、陆地水体或者海域，依法划出一定面积予以特殊保护和管理的区域。

根据《水生动植物自然保护区管理办法》，水生动植物自然保护区，是指为保护水生动植物物种，特别是具有科学、经济和文化价值的珍稀濒危物种、重要经济物种及其自然栖息繁衍生境而依法划出一定面积的土地和水域，予以特殊保护和管理的区域（朱传亚，2023）。

2. 水生生物自然保护区的创建和调整

1）创建程序

国家级自然保护区的建立，由省级政府或者国务院有关主管部门提出申请，经国家级自然保护区评审委员会评审后，由生态环境部进行协调并提出审批建议，报国务院批准。

地方级自然保护区的建立，由地方政府或者省级政府有关主管部门提出申请，经地方级自然保护区评审委员会评审后，由省级生态环境厅（局）进行协调并提出审批建议，报省级政府批准。

跨两个以上行政区域的自然保护区的建立，由有关行政区域的人民政府协商一致后提出申请，并按照前两款规定的程序审批。

建立海上自然保护区，须经国务院批准。

2）命名

国家级自然保护区：自然保护区所在地地名加"国家级自然保护区"，如缙云山国家级自然保护区。

地方级自然保护区：自然保护区所在地地名加"地方级自然保护区"。

如有特殊保护对象的自然保护区，可以在自然保护区所在地地名后加特殊保护对象的名称，如长江上游珍稀特有鱼类国家级自然保护区、北碚胭脂鱼地方级自然保护区。

3）申报材料

申请建立自然保护区，应当按照国家有关规定填报建立自然保护区申报书。作为申报书的附件，还需要保护区综合考察报告、保护区总体规划报告、相关图件和视频资料。

3. 水生生物自然保护区的功能区划分

申报材料需明确保护区的范围、功能区划分（核心区、缓冲区、实验区）。

自然保护区内保存完好的天然状态的生态系统以及珍稀、濒危动植物的集中分布地，应当划为核心区。未经批准，禁止任何人进入水生动植物自然保护区的核心区和一切可能对自然保护区造成破坏的活动。确因科学研究的需要，必须进入核心区从事科学研究观测、调查活动的，应当事先向自然保护区管理机构提交申请和活动计划，并经省级人民政府渔业行政主管部门批准。

核心区外围可以划定一定面积的缓冲区。禁止在水生动植物自然保护区的缓冲区开展旅游和生产经营活动。因科学研究、教学实习需要进入自然保护区的缓冲区，应当事先向自然保护区管理机构提交申请和活动计划，经自然保护区管理机构批准。

缓冲区外围划为实验区。在水生动植物自然保护区的实验区开展参观、旅游活动的，由自然保护区管理机构提出方案，报省级人民政府渔业行政主管部门批准。

4. 水生生物自然保护区的调整和名称更改

《国务院关于印发国家级自然保护区调整管理规定的通知》（国函〔2013〕129号）对自然保护区的调整和名称更改做出了规定。

国家级自然保护区功能区调整，是指国家级自然保护区内部的核心区、缓冲区、实验区范围的调整。

国家级自然保护区更改名称，是指国家级自然保护区原名称中的地名更改或保护对象的改变。

国务院环境保护行政主管部门负责国家级自然保护区范围调整和功能区调整及更改名称的监督管理工作。国务院有关行政主管部门在各自的职责范围内负责国家级自然保护区范围调整和功能区调整及更改名称的管理工作。

国家级自然保护区的范围和功能区及名称不得随意调整和更改。严格控制缩小国家级自然保护区范围和核心区、缓冲区范围。对于国家级自然保护区面积偏小，不能满足保护需要的，应鼓励扩大其必要的保护范围。

国家级自然保护区范围调整和功能区调整应确保重点保护对象得到有效保护，不破坏生态系统和生态过程的完整性及生物多样性，不得改变保护区性质和主要保护对象。

确因保护和管理工作及国家重大工程建设需要，必须对国家级自然保护区范围进行调整的，由国家级自然保护区所在地的省、自治区、直辖市人民政府或国务院有关自然保护区行政主管部门向国务院提出申请。由国务院有关自然保护区行政主管部门提出申请的，应事先征求国家级自然保护区所在地的省、自治区、直辖市人民政府意见。

确需对国家级自然保护区功能区进行调整或更改名称的，由国家级自然保护区所在地的省、自治区、直辖市人民政府向国务院有关自然保护区行政主管部门提出申请，并抄报国务院环境保护行政主管部门。

申请国家级自然保护区范围或功能区调整，必须提交符合要求的申报材料。

国家级自然保护区评审委员会负责国家级自然保护区范围调整和功能区调整的评审工作。

国家级自然保护区范围调整和功能区调整的评审，按照国家级自然保护区评审标准和评审程序进行。

国家级自然保护区范围调整，经评审通过后，由国务院环境保护行政主管部门协调并提出审批建议，报国务院批准。

国家级自然保护区功能区调整，经评审通过后，由国务院有关自然保护区行政主管部门批准，报国务院环境保护行政主管部门备案。

国家级自然保护区更改名称，由国务院有关自然保护区行政主管部门协调并提出审批建议，报国务院批准。

国家级自然保护区范围调整经批准后，由有关地方人民政府在接到批准通知后三个月内标明区界，予以公告。

对国家级自然保护区或其核心区、缓冲区因面积缩小，致使保护对象受到严重威胁和破坏的，经国家级自然保护区评审委员会评审通过，由国务院有关自然保护区行政主管部门责令自然保护区管理机构纠正和恢复原貌，并依法查处。

对破坏特别严重、失去保护价值的，经国家级自然保护区评审委员会评审通过，由国务院环境保护行政主管部门报请国务院批准，取消其国家级自然保护区资格。

5. 水生生物自然保护区的管理

1）管理机构

国家级自然保护区，由其所在地的省、自治区、直辖市人民政府有关自然保护区行政主管部门或者国务院有关自然保护区行政主管部门管理。地方级自然保护区，由其所在地县级以上地方人民政府有关自然保护区行政主管部门管理。

有关自然保护区行政主管部门应当在自然保护区内设立专门的管理机构，配备专业技术人员，负责自然保护区的具体管理工作（黄显杰等，2024）。

2）主要规定

禁止在自然保护区进行砍伐、放牧、狩猎、捕捞、采药、开垦、烧荒、开矿、采石、挖沙、爆破等活动。

禁止在自然保护区域内新建生产设施。

未经批准，禁止任何人进入自然保护区的核心区。确因科学研究的需要进入核心区的，应当事先报保护区管理部门批准。

禁止在自然保护区的缓冲区开展旅游和生产经营活动。因科学研究、教学实习需要进入缓冲区的，应当事先报批。

在自然保护区的实验区开展参观、旅游活动的，由自然保护区管理机构提出方案，由有关行政主管部门批准。

外国人进入地方级自然保护区的，接待单位应当事先报经省、自治区、直辖市人民政府有关自然保护区行政主管部门批准；进入国家级自然保护区的，接待单位应当报经国务院有关自然保护区行政主管部门批准。

在自然保护区的核心区和缓冲区内，不得建设任何生产设施。在自然保护区的实验区内，不得建设污染环境、破坏资源或者景观的生产设施；建设其他项目，其污染物排放不得超过国家和地方规定的污染物排放标准。在自然保护区的实验区内已经建成的设施，其污染物排放超过国家和地方规定的排放标准的，应当限期治理；造成损害，必须采取补救措施。

4.1.2 水产种质资源保护区

1. 水产种质资源保护区的定义

《渔业法》规定，"国家保护水产种质资源及其生存环境，并在具有较高经济价值和遗传育种价值的水产种质资源的主要生长繁育区域建立水产种质资源保护区。未经国务院渔业行政主管部门批准，任何单位或者个人不得在水产种质资源保护区内从事捕捞活动。"

水产种质资源，是指具有较高经济价值和遗传育种价值，可为捕捞、养殖等渔业生产及其他人类活动所开发利用和科学研究的水生生物资源。从广义上讲，包括上述水生生物的群落、种群、物种、细胞、基因等内容。

水产种质资源保护区，是指为保护和合理利用水产种质资源及其生存环境，在保护对象的产卵场、索饵场、越冬场、洄游通道等主要生长繁育区域依法划出一定面积的水域滩涂和必要的土地，予以特殊保护和管理的区域（尹铎等，2024）。

2. 水产种质资源保护区的设置标准

根据《水产种质资源保护区划定工作规范（试行）》，设置标准为：

1）国家或地方规定的重点保护或具有较高经济价值的渔业资源品种的产卵场、索饵场、越冬场、洄游通道等主要生长繁育区域；

2）具有较高遗传育种价值，为当前我国水产养殖的主导品种且养殖原种为我国本地种的水生生物天然集中分布区域；

3）我国特有或当地特有的水生生物天然集中分布区域；

4）具有代表性或典型性的水生生物多样性集中分布区域；

5）具有特殊生态保护或科研价值，对渔业发展或其他人类活动有重大影响的水生生态系统所在区域；

6）其他需要加以保护的区域。

3. 水产种质资源保护区的分级

水产种质资源保护区分为国家级和省级。

国家级水产种质资源保护区是指在国内、国际有重大影响，具有重要经济价值、遗传育种价值或特殊生态保护和科研价值，保护对象为重要的、洄游性的共用水产种质资源或保护对象分布区域跨省（自治区、直辖市）际行政区划或海域管辖权限的，经国务院或农业农村部批准并公布的水产种质资源保护区。

省级水产种质资源保护区是指在当地有重要影响，具有较高的经济价值、遗传育种价值或一定的生态保护和科研价值，经省（自治区、直辖市）人民政府或渔业行政主管部门批准并公布的水产种质资源保护区。

4. 水产种质资源保护区的功能划分

根据水产种质资源保护区的自然环境、保护对象资源状况及保护管理工作需要，在保护区域上可以划分为核心区和实验区。

核心区是指在保护对象的产卵场、索饵场、越冬场、洄游通道等主要生长繁育场所设立的保护区域。在此保护区域内，未经农业农村部或省（自治区、直辖市）人民政府渔业行政主管部门批准，不得从事任何可能对保护功能造成损害或重大影响的活动。核心区的划定应做到重点突出、面积适宜、区界明确，以满足保护管理工作需要。根据各地实际情况，一个水产种质资源保护区内可包括几个核心区（段）。

实验区是指核心区以外的区域。在此保护区域内，在农业农村部或省（自治区、直辖市）人民政府渔业行政主管部门的统一规划和指导下，可有计划地开展以恢复资源和修复水域生态环境为主要目的的水生生物资源增殖、科学研究和适度开发活动。

在水产种质资源保护区的核心区内，根据不同保护对象的生活习性，可以设定特别保护期和一般保护期。

特别保护期是指在保护对象的繁殖期、幼鱼生长期等生长繁育关键阶段，对其加以重点保护所设立的保护期。特别保护期内，未经农业农村部或省（自治区、直辖市）人民政府渔业行政主管部门批准，区内禁止从事任何可能损害或影响保护对象及其生存环境的活动。

一般保护期是指特别保护期以外的时段。在一般保护期内，在不造成保护对象及其生存环境遭受破坏的前提下，经农业农村部或省（自治区、直辖市）渔业行政主管部门批准，可以在限定期间和范围内适当进行渔业生产、科学研究以及其他活动。

5. 水产种质资源保护区的命名

水产种质资源保护区按照下列方法命名：

国家级水产种质资源保护区：水产种质资源保护区所在地名或所在水域（海域）名称加保护对象名称再加"国家级水产种质资源保护区"。

省级水产种质资源保护区：水产种质资源保护区所在地名或所在水域（海域）名称加保护对象名称再加"省级水产种质资源保护区"。

具有多种保护对象或综合性的水产种质资源保护区：水产种质资源保护区所在地名或水域（海域）名称加其中一种或几种具有代表性的保护对象名称再加"国家级水产种质资源保护区"或"省级水产种质资源保护区"。

6. 水产种质资源保护区管理的职责分工

农业农村部统一领导全国水产种质资源保护区划定工作，审查批准并公布国家级水产种质资源保护区。

各省（自治区、直辖市）渔业行政主管部门负责本行政区域或管辖水域内省级水产种质资源保护区的划定和公布工作，并可按照规定程序，向农业农村部提出将省级升级为国家级水产种质资源保护区的申请。具体负责本行政区域或管辖水域内的省级和国家级水产种质资源保护区的建设和管理工作。

7. 水产种质资源保护区的申报程序

省级水产种质资源保护区的划定，由保护区所在地的省（自治区、直辖市）渔业行政主管部门组织论证审查和批准公布，并报农业农村部备案。具备条件的地方，应报请同级人民政府批准发布。

拟直接划定为国家级水产种质资源保护区或省级升级为国家级水产种质资源保护区的，由各海区渔政渔港监督管理局、各流域渔业资源管理委员会或相关省（自治区、直辖市）渔业行政主管部门向农业农村部提出申请。提出申请时应提交以下文件和材料：

1）申请部门或单位的正式请示文件（已经划定的省级水产种质资源保护区，需同时附上相关批准和发布文件的原件或复印件，已经同级人民政府批准的，应同时附上相关人民政府相关批准和发布文件的原件或复印件）；

2）拟建国家级水产种质资源保护区申报书（参照《国家级自然保护区申报书》）及专家论证意见；

3）拟建国家级水产种质资源保护区的综合考察报告；

4）拟建国家级水产种质资源保护区的位置图和区界图等相关图件资料；

5）其他必要的材料或图件。

农业农村部聘请有关部门代表和专家组成国家级水产种质资源保护区评审委员会，对上述申报材料进行论证审查，按照规定程序批准公布或报请国务院审批。

8. 水产种质资源保护区的主要管理规定

《水产种质资源保护区管理暂行办法》（以下简称《办法》），2011年1月5日以农业部令〔2011〕第1号发布，根据2016年5月30日中华人民共和国农业部令2016年第3号《农业部关于废止和修改部分规章、规范性文件的决定》修正。该管理办法是为规范水产种质资源保护区的设立和管理，加强水产种质资源保护，根据《渔业法》等有关法律法规而制定。《办法》共分四章二十五条，第一章为总则，第二章为水产种质资源保护区设立，第三章水产种质资源保护区管理，第四章为附则。

4.2 水生生物保护区日常管理工作的主要内容

按照《国家级自然保护区规范化建设和管理导则（试行）》规定，根据水生生物保护区的具体情况，可将保护区的日常管理工作归为5个方面。水产种质资源保护区的管理也可以参照实行。

4.2.1 资源环境状况调查

1. 资源状况调查

保护区管理机构应通过各种途径充分掌握所辖保护区的水生生物和鱼类资源状况及其

变化情况。一方面，管理机构自身可以开展监测；另一方面，管理机构需制定保护区科研工作监管办法，对科研单位在保护区开展的研究和监测任务进行监管，并要求科研单位提交研究（监测）报告，以及项目结题的总报告。

2. 水文、水环境状况调查

保护区管理机构应通过各种途径充分掌握所辖保护区的水文、水环境质量状况及其变化情况。管理机构可通过网络获取附近水文站的水文数据，还应该与当地生态环境部门联系，收集所辖保护区的水质监测数据，还可以搜集科研机构的水文和水环境监测数据。

3. 航运情况调查

保护区管理机构应通过各种途径充分掌握所辖保护区的航运情况。管理机构可与当地海事、交通、环保、航道部门联系，收集所辖保护区航运情况统计资料。

4. 取水情况调查

保护区管理机构应与当地水利（水务）部门、用水单位联系，收集所辖保护区取水口分布及取水情况。

5. 排水情况调查

保护区管理机构应与当地生态环境部门、排水单位联系，收集所辖保护区排水口分布及排水情况。

4.2.2 生态修复和生态补偿

1. 编制保护区生态修复和生态补偿规划

保护区管理机构应根据所辖保护区资源环境状况及面临的主要威胁，定期编制生态修复总体规划。管理机构还应针对所辖保护区内取水、排水、航运及每一项涉水工程对保护区的不利影响分别编制生态补偿专项规划。

保护区的生态修复总体规划，是针对保护区资源环境状况提出的各项保护措施的总和。该规划应在对保护区资源环境报告认真分析的基础上编制。生态修复的重点应该是受威胁程度较高的保护物种和关键生境。修复措施可分为基础措施和拓展措施，前者是保护区自身必须实施的，如制定和颁布船网工具控制指标、编制增殖放流规划、实行捕捞渔船"三证合一"等措施；后者是可借助涉水工程生态补偿而实施的，如关键栖息地的修复和重建、重要物种的保育等措施。总体规划可5年一编，每年可做微调；规划应明确生态修复的主要方式、场所、进度、预算。

生态补偿专项规划，是针对各种对保护区产生不利影响的具体人为活动而实施的各项补偿措施的总和。它包含但不限于生态修复总体规划的拓展措施，包括取水、排水生态补偿纲要和技术要求，降低内陆航运生态影响的技术方案，涉水工程生态补偿措施实施方案等。这些专项规划的编制应结合保护区的生态修复总体规划、保护区取排水报告、保护区航运报告、涉水工程水生态影响专题评价报告等材料，提出的补偿措施除了直接补偿工程造成的不利影响外，还应该适当纳入生态修复总体规划所设计的拓展措施。

2. 生态修复和生态补偿基础措施落实

各项基础措施应有与生态修复总体规划相对应的实施方案或细则，明确拟实施的基础措施的方法或手段、实施区域、实施进度、经费来源、实施主体、验收要求。

各项基础措施实施的每一环节应有完整的工作记录、支撑材料完整（有记录、公证书、合同、图片、影像、招标文件等）。工作结束后能提供各项基础措施实施的年度总结。

对于偏于管理领域的基础措施，可由管理机构负责落实。对于偏于技术领域的基础措施，可由管理机构以合同形式委托具有相应资质的单位承担。对于需要公证或检验检疫的基础措施，应依法完善相关程序。

3. 生态修复和生态补偿拓展措施落实

管理机构应按照生态修复总体规划和生态补偿专项规划落实各项拓展措施。

取水、排水生态补偿纲要和技术要求应明确禁取（排）水区，应明确年内最大取（排）水量，应提出具有可操作性的降低取（排）水不利影响的措施。

降低内陆航运生态影响的技术方案应明确生态环境敏感点和敏感期，应提出具有可操作性的降低航运不利影响的措施。

涉水工程应按要求开展水生态影响专题评价，规定的生态补偿资金应足额到位。生态补偿措施实施方案应与工程水生态影响专题评价报告相适应。

有条件的管理机构，可试行省级统筹使用涉水工程生态补偿资金，设立生态补偿基金，开展已竣工涉水工程回顾评价。

4. 生态修复和生态补偿成果汇总

保护区管理机构可逐年编制所辖保护区生态修复和生态补偿报告，对每一年度实施的生态修复和生态补偿措施的进展情况、取得的成效进行分析，对比生态修复和生态补偿规划存在的问题，提出改进建议，在此基础上编制生态修复和生态补偿年度报告。

4.2.3 宣传教育

1. 制定工作计划

保护区管理机构应制定基础宣教和专题宣教计划。

基础宣教计划针对的是保护区自身职能所要求的面向社会大众的宣教任务。计划应逐年制定，要明确宣教内容、宣教对象、宣教时间和地点、宣教形式、宣教人员、经费预算。

专题宣教计划针对的是特定任务和对象的宣教任务，如专门面向采砂业主、航运从业人员、涉水工程的宣教工作。专题宣教应在任务确定后制定专门计划，要明确宣教内容、宣教时间和地点、宣教形式、宣教人员、经费预算。

管理机构可自身编制宣教计划。基础宣教计划框架成型后，以后各年在最初基础上调整即可。专题宣教计划应结合已编制的采砂报告、航运报告、涉水工程环评报告、生态补偿协议或生态补偿措施实施方案等材料编制。

2. 建设宣教平台

保护区管理机构可购置或制作能满足宣教工作需要的设施设备、标本室、宣传资料；搭建社区共建平台。

管理机构可以利用保护区建设资金和涉水工程生态补偿资金，购置电脑、投影机等多媒体设备；编辑和制作与保护区相关的法律法规及野生生物及自然保护、涉水工程对保护区影响等方面的展板、影像资料、海报和宣传单等多样的宣传材料；搭建保护区对外宣传网站，并对内容进行更新。管理机构还可以通过培训或外聘，建立人员相对稳定的宣教队伍。管理机构应与所在地区的学校、水利部门、社区、渔民合作组织等单位或组织建立联系，联合开展宣教工作。

3. 落实基础宣教工作

保护区管理机构应按照每年制定的基础宣教计划开展宣教工作。基础宣教工作可借助禁渔期、生态文明、蓝天碧水等政府主导的行动开展，并要注意求得官方机构、新闻媒体的支持和关注。

4. 落实专题宣教工作

保护区管理机构应按照已制定的专题宣教计划开展宣教工作。专题宣教应作为相关涉水工程生态竣工验收的硬性任务开展。管理机构应与利益相关方建立联合宣教机制。

5. 工作总结

保护区管理机构应逐年编写宣教工作年度总结。宣教工作年度总结应与宣教工作计划相对应，对当年工作完成情况进行分析，指出取得的成效和存在的问题，并提出改进建议。

4.2.4 保护区巡查

1. 制定巡查计划

保护区管理机构需制定日常巡查计划和专项巡查计划。

日常巡查计划针对的是保护区自身职能所要求的常规性巡查任务。计划应逐年制定，要明确定期巡查时间、巡查路线、巡查方式、巡查重点、巡查人员、经费预算等事项。

专项巡查计划针对的是特定任务和对象的巡查任务，如专门面向采砂作业、涉水工程的巡查任务。专项巡查应在任务确定后制定专门计划，要明确巡查时间、巡查路线、巡查方式、巡查重点、巡查人员、经费预算等事项。

管理机构应自身编制巡查计划。日常巡查计划框架成型后，以后各年在最初基础上调整即可。专项巡查计划应结合已编制的涉水工程环评报告、生态补偿协议或生态补偿措施实施方案等材料编制。

2. 开展日常巡查

保护区管理机构应按照每年制定的日常巡查计划开展巡查工作。每次巡查任务应有完整的巡查记录，并提供图片或影像资料等支撑材料。对巡查中发现的违法行为，应及时依法查处并按要求制作法律文书。

3. 开展专项巡查

保护区管理机构应按照已制定的专项巡查计划开展巡查工作。每次巡查任务应有完整的巡查记录，并提供图片或影像资料等支撑材料。对巡查中发现的违法行为，应及时依法查处并按要求制作法律文书。专项巡查应作为相关涉水工程生态竣工验收的硬性任务开展。

4. 工作总结

保护区管理机构应逐年编写巡查工作年度总结。巡查工作年度总结应与巡查工作计划相对应，对当年工作完成情况进行分析，指出取得的成效和存在的问题，并提出改进建议。工作总结提及的每一项工作，都应该有可靠的支撑材料。

4.2.5　能力建设

1. 制定工作计划

保护区管理机构应制定人员培训年度计划和生态应急能力建设年度计划。

人员培训年度计划应明确培训内容、培训方式、培训时间、参与人员、授课人员、经费预算。培训内容应较为完整，包括法律法规、物种及环境保护基础、保护区管理等。

生态应急能力建设年度计划应明确建设内容、建设进度、经费预算等。建设内容应较为完整，包括应急预案制定及修订、设备购置、应急演练等。

2. 落实培训任务

保护区管理机构应按照已制定的人员培训计划开展培训工作，组织人员参加外部培训和内部培训。

外部培训一方面应积极参加上级部门组织的各项培训，另一方面可有意识地选派人员赴有关专业机构进修或攻读学位。

内部培训计划除了专门安排外，还应该重视以会代训，即利用内部工作会议的机会，邀请有关专家进行简短的培训报告。

3. 生态应急能力建设

保护区管理机构应按照已制定的生态应急能力建设计划开展生态应急能力建设工作。

管理机构应编制生态应急预案，包括水污染预案、野生生物救护预案。并根据需要对预案进行修订，应根据生态应急能力建设年度计划和生态应急预案购置必要的生态应急设施及设备，应根据生态应急能力建设年度计划和生态应急预案定期开展生态应急演练。

管理机构可与相关科研单位合作编制生态应急预案。生态应急设施、设备采购和应急演练所需资金，除了保护区管理经费外，可以与涉水工程生态补偿项目相结合。

4. 工作总结

保护区管理机构应逐年编写生态应急能力建设工作年度总结。生态应急能力建设工作年度总结应与人员培训计划和生态应急能力建设计划相对应，对当年工作完成情况进行分析，指出取得的成效和存在的问题，并提出改进建议。工作总结提及的每一项工作，都应该有可靠的支撑材料。

4.3 水生生物保护区专项管理工作的主要内容

保护区的专项管理主要是对涉及保护区的建设项目和资源开发项目、科研活动、渔业水域污染事故、珍稀水生野生动物救护等的管理（孙志禹和王殿常，2020）。

4.3.1 保护区科研活动的监管

1. 科研活动的审批

保护区管理机构应按照规定，对保护区范围内的所有科研活动进行审批。在保护区内从事科研活动的单位，应事先向保护区管理机构提交申请和活动计划。承担政府相关部门或保护区管理机构下达的科研课题或监测任务的，提交申请时应附项目任务书复印件和在保护区内的活动计划原件。因编制建设项目环境影响评价报告或专题评价报告开展专项监测的，提交申请时应附项目合同和在保护区内的活动计划原件。在保护区开展教学实习的，提交申请时需附教学计划复印件和在保护区内的活动计划原件。

2. 科研活动的过程监管

保护区管理机构应监督科研单位按照审批的时间、地点、方式在所辖保护区内开展科研活动，应要求科研单位提供在所辖保护区内每次科研活动的文字记录及相应的图片或影像材料，以及在所辖保护区内科研活动的年度报告或年度总结。管理机构应对出入所辖保护区的人员及其携带的水生野生动植物资源（包括水生野生动植物材料、标本、活体、制品等）实施检查，防止保护区内自然资源和生态环境受到非法破坏。

3. 科研活动的成果监管

保护区管理机构应要求科研单位提供在所辖保护区内每项科研活动的成果，包括发表的论文、出版的专著、结题报告或验收报告。

4.3.2　渔业水域污染事故应急处置

1. 渔业水域污染事故应急处置能力建设

保护区管理机构应做好保护区渔业水域污染事故应急处置的制度建设和条件建设，包括编制保护区的渔业水域污染应急处置预案、成立保护区渔业水域污染应急处置领导小组和专家组、配置渔业水域污染事故应急处置设施、对管理人员进行渔业水环境保护知识培训、开展渔业水域污染事故应急处置演练。

2. 渔业水域污染事故应急响应

保护区管理机构可根据污染物种类、污染物浓度或数量、污染范围等划分污染事故等级，发生污染事故后，应按照渔业水域污染应急处置预案要求，分等级及时启动渔业水域污染事故应急措施。

4.3.3　珍稀水生野生动物救护应急处置

1. 珍稀水生野生动物救护应急处置能力建设

保护区管理机构应做好保护区珍稀水生野生动物救护应急处置制度建设和条件建设，包括编制保护区珍稀水生野生动物救护应急处置预案、成立保护区珍稀水生野生动物救护应急处置领导小组和专家组、配置珍稀水生野生动物救护应急处置设施、对管理人员进行珍稀水生野生动物救护知识培训、开展珍稀水生野生动物救护应急处置演练。

2. 受伤害珍稀水生野生动物救护

保护区管理机构应及时识别受伤害的珍稀水生野生动物种类和保护级别，诊断伤情，判明应采取的应急措施，及时对受伤害动物采取现场救护措施，如有必要，可将受伤害珍稀水生野生动物转移到专门的救护设施进行进一步处理。

参 考 文 献

黄显杰, 赵祖权, 陈文善, 等. 2024. 水生生物自然保护区转隶后的管理探讨. 黑龙江水产, 43(4): 430-433.

孙志禹, 王殿常. 2020. 电开发条件下自然保护区管理的实践创新: 以长江上游珍稀特有鱼类国家级自然保护区为例. 长江科学院院报, 37(11): 1-7.

尹铎, 梁诗, 林煦丹. 2024. 长江流域国家级水产种质资源保护区时空演变特征及其驱动因素. 长江流域资源与环境, 33 (8): 1663-1678.

朱传亚. 2023. 长江流域水生生物保护区现状研究. 华中农业大学硕士学位论文.

05

第 5 章　涉水工程监管

涉水工程，是指因社会经济建设需要，涉及水域并可能对水生生物资源及生态环境产生影响的工程项目，主要包括水利水电开发、挖沙采石及取水口、排污口、航道、城乡堤防、码头、桥梁、过江隧道建设，以及其他涉及水域的建设项目（索维国等，2017）。由于涉水工程可能对水生生物及其生境产生影响，水生生物保护主管部门的监管是水生生物保护工作的重要内容（卢锟，2023）。

5.1 涉水工程监管的法律依据

相关法律法规对涉水工程监管做出了明确规定（樊响，2014）。

5.1.1 《中华人民共和国环境保护法》

第十九条规定，"编制有关开发利用规划，建设对环境有影响的项目，应当依法进行环境影响评价。

未依法进行环境影响评价的开发利用规划，不得组织实施；未依法进行环境影响评价的建设项目，不得开工建设。"

5.1.2 《中华人民共和国环境影响评价法》

第十六条规定，"国家根据建设项目对环境的影响程度，对建设项目的环境影响评价实行分类管理。

建设单位应当按照下列规定组织编制环境影响报告书、环境影响报告表或者填报环境影响登记表"。

5.1.3 《中华人民共和国野生动物保护法》

第十三条规定，"禁止在自然保护地建设法律法规规定不得建设的项目。机场、铁路、公路、航道、水利水电、风电、光伏发电、围堰、围填海等建设项目的选址选线，应当避让自然保护地以及其他野生动物重要栖息地、迁徙洄游通道；确实无法避让的，应当采取修建野生动物通道、过鱼设施等措施，消除或者减少对野生动物的不利影响。

建设项目可能对自然保护地以及其他野生动物重要栖息地、迁徙洄游通道产生影响的，环境影响评价文件的审批部门在审批环境影响评价文件时，涉及国家重点保护野生动物的，应当征求国务院野生动物保护主管部门意见；涉及地方重点保护野生动物的，应当征求省、自治区、直辖市人民政府野生动物保护主管部门意见。"

5.1.4 《中华人民共和国长江保护法》

第二十七条规定，"国务院交通运输主管部门会同国务院自然资源、水行政、生态环境、农业农村、林业和草原主管部门在长江流域水生生物重要栖息地科学划定禁止航行区域和限制航行区域。

禁止船舶在划定的禁止航行区域内航行。因国家发展战略和国计民生需要，在水生生物重要栖息地禁止航行区域内航行的，应当由国务院交通运输主管部门商国务院农业农村主管部门同意，并应当采取必要措施，减少对重要水生生物的干扰。

严格限制在长江流域生态保护红线、自然保护地、水生生物重要栖息地水域实施航道整治工程；确需整治的，应当经科学论证，并依法办理相关手续。"

第二十八条规定，"国家建立长江流域河道采砂规划和许可制度。长江流域河道采砂应当依法取得国务院水行政主管部门有关流域管理机构或者县级以上地方人民政府水行政主管部门的许可。

国务院水行政主管部门有关流域管理机构和长江流域县级以上地方人民政府依法划定禁止采砂区和禁止采砂期，严格控制采砂区域、采砂总量和采砂区域内的采砂船舶数量。禁止在长江流域禁止采砂区和禁止采砂期从事采砂活动。"

5.1.5 《中华人民共和国渔业法》

第三十二条规定，"在鱼、虾、蟹洄游通道建闸、筑坝，对渔业资源有严重影响的，建设单位应当建造过鱼设施或者采取其他补救措施。"

第三十五条规定，"进行水下爆破、勘探、施工作业，对渔业资源有严重影响的，作业单位应当事先同有关县级以上人民政府渔业行政主管部门协商，采取措施，防止或者减少对渔业资源的损害；造成渔业资源损失的，由有关县级以上人民政府责令赔偿。"

第四十七条规定，"造成渔业水域生态环境破坏或者渔业污染事故的，依照《中华人民共和国海洋环境保护法》和《中华人民共和国水污染防治法》的规定追究法律责任。"

5.1.6 《中华人民共和国自然保护区条例》

第二十六条规定，"禁止在自然保护区内进行砍伐、放牧、狩猎、捕捞、采药、开垦、烧荒、开矿、采石、挖沙等活动；但是，法律、行政法规另有规定的除外。"

第三十二条规定，"在自然保护区的核心区和缓冲区内，不得建设任何生产设施。在自然保护区的实验区内，不得建设污染环境、破坏资源或者景观的生产设施；建设其他项目，其污染物排放不得超过国家和地方规定的污染物排放标准。在自然保护区的实验区内已经建成的设施，其污染物排放超过国家和地方规定的排放标准的，应当限期治理；造成损害的，必须采取补救措施。"

5.1.7 《长江水生生物保护管理规定》

第十七条规定，"在长江流域水生生物重要栖息地依法科学划定限制航行区和禁止航行区域。

因国家发展战略和国计民生需要，在水生生物重要栖息地禁止航行区域内设置航道或进行临时航行的，应当依法征得农业农村部同意，并采取降速、降噪、限排、限鸣等必要措施，减少对重要水生生物的干扰。

严格限制在长江流域水生生物重要栖息地水域实施航道整治工程；确需整治的，应当经科学论证，并依法办理相关手续。"

第十八条规定，"长江流域涉水开发规划或建设项目应当充分考虑水生生物及其栖息地的保护需求，涉及或可能对其造成影响的，建设单位在编制环境影响评价文件和开展公众参与调查时，应当书面征求农业农村主管部门的意见，并按有关要求进行专题论证。

涉及珍贵、濒危水生野生动植物及其重要栖息地、水产种质资源保护区的，由长江流域省级人民政府农业农村主管部门组织专题论证；涉及国家一级重点保护水生野生动植物及其重要栖息地或国家级水产种质资源保护区的，由农业农村部组织专题论证。"

第十九条规定，"建设项目对水生生物及其栖息地造成不利影响的，建设单位应当编制专题报告，根据批准的环境影响评价文件及批复要求，落实避让、减缓、补偿、重建等措施，与主体工程同时设计、同时施工、同时投产使用，并在稳定运行一定时期后对其有效性进行周期性监测和回顾性评价，提出补救方案或者改进措施。

建设项目所在地县级以上地方人民政府农业农村主管部门应当对生态补偿措施的实施进展和落实效果进行跟踪监督。"

5.1.8 《国务院关于印发中国水生生物资源养护行动纲要的通知》（国发〔2006〕9号）

"第五部分　水域生态保护与修复行动"中提到，

"二、工程建设资源与生态补偿

完善工程建设项目环境影响评价制度，建立工程建设项目资源与生态补偿机制，减少工程建设的负面影响，确保遭受破坏的资源和生态得到相应补偿和修复。对水利水电、围垦、海洋海岸工程、海洋倾废区等建设工程，环保或海洋部门在批准或核准相关环境影响报告书之前，应征求渔业行政主管部门意见；对水生生物资源及水域生态环境造成破坏的，建设单位应当按照有关法律规定，制订补偿方案或补救措施，并落实补偿项目和资金。相关保护设施必须与建设项目的主体工程同时设计、同时施工、同时投入使用。"

5.1.9 《水产种质资源保护区管理暂行办法》

第十六条规定，"在水产种质资源保护区内从事修建水利工程、疏浚航道、建闸筑坝、勘探和开采矿产资源、港口建设等工程建设的，或者在水产种质资源保护区外从事可能损害保护区功能的工程建设活动的，应当按照国家有关规定编制建设项目对水产种质资源保护区的影响专题论证报告，并将其纳入环境影响评价报告书。"

第十九条规定，"禁止在水产种质资源保护区内从事围湖造田、围海造地或围填海工程。"

第二十条规定，"禁止在水产种质资源保护区内新建排污口。

在水产种质资源保护区附近新建、改建、扩建排污口，应当保证保护区水体不受污染。"

5.1.10 农业部关于印发《建设项目对水生生物国家级自然保护区影响专题评价管理规范》的通知（农渔发〔2009〕4 号）

第五条规定，"在水生生物国家级自然保护区内或其周边的拟建项目，凡可能对保护区造成不利影响的，须由建设单位委托具备条件的单位，编制建设项目对保护区影响的专题报告。"

5.1.11 《农业部办公厅关于印发建设项目对国家级水产种质资源保护区影响专题论证报告编制指南的通知》（农办渔〔2014〕14 号）

水利工程、航道、闸坝、港口建设及矿产资源勘探和开采等建设项目涉及国家级水产种质资源保护区（以下简称"保护区"）的，或者在保护区外从事有关工程建设活动可能损害保护区功能的，应当按照国家有关规定编制专题论证报告，并将报告作为建设项目环境影响报告书的重要内容。

5.1.12 《最高人民法院关于审理生态环境侵权纠纷案件适用惩罚性赔偿的解释》（法释〔2022〕1 号）

建设项目未依法进行环境影响评价，或者提供虚假材料导致环境影响评价文件严重失实，被行政主管部门责令停止建设后拒不执行的；在相关自然保护区域、禁猎（渔）区、禁猎（渔）期使用禁止使用的猎捕工具、方法猎捕、杀害国家重点保护野生动物、破坏野生动物栖息地的，人民法院应当认定侵权人具有污染环境、破坏生态的故意。

5.2 涉水工程对水生生物的主要影响和管理部门监管的要点

5.2.1 主要类型涉水工程对水生生物及其生境的影响

1. 大坝建设对水生生物及其生境的影响

大坝建设对水生生物及其生境的影响主要是长期性影响。相比而言，施工期影响属于阶段性且相对较小的（曹文宣，2019）。

1）阻隔影响

大坝对鱼类的阻隔分为上行阻隔和下行阻隔。

许多鱼类的繁殖、索饵及越冬等生命行为需要在不同的环境中完成，在不同水域空间进行周期性迁徙即鱼类洄游。鱼类上溯繁殖是一个较为常见的现象。长江上游多种鱼类都具有不同程度的溯河洄游习性，甚至湖沼型鱼类在繁殖季节也常进行短距离的洄游，寻找适合的繁殖场所。大坝建设阻隔了鱼类的洄游路线，使其不能有效完成生活史，往往造成鱼类资源的严重下降。洄游路线被阻隔通常对溯河洄游鱼类具有较大影响。例如，中华鲟产卵江段以前长约800km，大坝使其自然繁殖活动被压缩于坝下约4km的江段内，产卵场分布江段的长度不足原来的1%。

大坝阻断产卵鱼类的上行通道后，大量发育成熟的个体可能聚集在径流式电站尾水区域，并可能形成一定规模的产卵场。但由于电站下泄水温度偏低，可能会限制鱼类在这里的繁殖行为。

另外，不少鱼类的幼鱼或繁殖后个体，可能因索饵需求而从大坝的上游向坝下运动，这些鱼类会因为大坝的阻隔而难以顺利到达目的地。幼鱼下行时往往具有集群习性，它们的游泳能力较弱，在通过大坝时，很容易被吸入压力管道而受到伤害，甚至大量死亡。经过溢洪堰或泄水闸被动下行也是鱼类在洪水季节下行过坝的常见现象，鱼体可能随高速水流从高处跌落损伤。

大坝阻隔除了直接影响鱼类上行和下行，还可能产生长期的次生影响。大坝使原有连续的河流生态系统被分隔成不连续两个环境单元，造成了生态景观的破碎。鱼类的种群也被分割成多个小群体的集合，被称为集合种群或破碎种群。破碎种群各个小群体间的基因交流存在障碍，会导致遗传分化进而使种群遗传多样性的维持能力降低。遗传多样性的丧失会导致经济鱼类品质的退化，对珍稀濒危鱼类，则可能影响物种的生存。

2）径流分配时空格局的改变

大坝建成运行后，坝上水域成为河道型水库，淹没区的自然水文情势发生巨大改变。库区流速减缓，水深增大，流态单调，泥沙沉积，反季节涨落。进一步的后果是适应流水环境的鱼类逐步消失，当地原生鱼类和特有种类失去生存机会。库区的鱼类产卵场、索饵场功能可能受阻甚至消失。

引水式电站大坝修建以后，坝上河水经压力管道引到坝下较远距离处的电厂，大坝与电厂间的河道因断流而可能成为减（脱）水河段。

由于许多水电站的调度方式相似，水库在4～8月可能为蓄水期、在9月为不蓄不供期、在10月至次年3月为供水期，水库供水，水位下降，3月底水库降至死水位。长江上游鱼类的主要繁殖季节在4～7月，而该时期电站正处于蓄水期，电站下游无来水。性成熟的鱼类上行受阻，可能聚集在电站尾水附近，而此时河道断流对鱼类的不利影响相当严重。

3）水质改变

大坝建成蓄水后，库区可能出现水温分层的现象。春夏季节下水层的温度比表层水低。当坝上的引水管采取底层取水时，下游河道的水温将较原天然河道的水温降低。下泄的低温水，可导致鱼类繁殖季节推迟、当年幼鱼的生长期缩短、生长速度减缓、个体变小。同时，坝浅表层水由于停留时间延长，水温可能较流水条件下升高。

一些高坝在泄洪时，下泄水可能出现气体过饱和现象。水中气体过饱和是由水库下泄水流冲泄到消力池时，产生巨大的压力并带入大量空气所造成的，多发生于大坝泄洪期间。过饱和气体需要经过一定流程的逐渐释放才能恢复到正常水平。溶解气体的过饱和可能导致鱼类因患气泡病而死亡。

水库的水流变缓，甚至局部有静止水体出现，导致库区及坝下河段水体的泥沙沉降，使水体透明度增加。

大坝还可能引起库区水体溶解氧降低。水库分层导致的水体垂直交换受阻，以及外源有机物在库区沉积、微生物的分解作用耗氧等原因，可能导致库区底层出现缺氧甚至无氧的状况。

4）饵料生物变化

大坝蓄水后，库区水域水体流速降低、透明度升高、营养物浓度增加，一般会导致浮游藻类的明显增长，蓄水初期甚至呈爆发性生长，并可能出现水华。

另外，大坝蓄水后，库区水深大幅度增加，对底栖动物中占优势的多种水生昆虫极为不利，大多数个体将不能存活。

5）对水生生物多样性的综合影响

由于新形成的水库水体加大，自然条件比河流稳定，可以容纳更多的鱼类物种生存，往往能够提供更高的渔业产量，因而给人以修建水库对生物多样性有利的假象。

但是水库的淹没所造成关键生态因子的丧失，将使当地原生鱼类和特有种类失去生存机会，从而引起当地原生鱼类的次生性灭绝。由于当地原生鱼类在原产地的消失即等同于全球性灭绝，故对全球的生物多样性格局的损害将是不可挽回的。因此，在局部地区广布种的数量增加，不能简单地被认为对生物多样性是有利的。

2. 采砂对水生生物及其生境的主要影响

1）对河道景观生态的影响

自然河道宽窄交替，滩沱相间，水流速度急缓不一，构成多样化的生境，为各种水生生物生长、繁殖、索饵提供了所需的生态环境。采砂改变局部河道的景观生态，从而破坏鱼类等水生生物的栖息地。

2）对河流底质条件的影响

采砂会使河床形成形状不规则、深度不一的槽、坑、窝，改变原来以卵石或河沙为主的底质构成，从而导致这些区域底栖动物的减少或消亡。多种鱼类的产卵和索饵对河床底质有较高要求，底质的改变将对其产生严重影响。

3）对河流水文条件的影响

采砂可能改变河道水位、流速、流量、含沙量、河底地形等水文条件，使一些鱼类的繁殖条件得不到满足。

4）对河漫滩地的影响

季节性淹没的河漫滩在生态学上具有重要意义，往往是鱼类产卵和幼鱼索饵的场所。采砂作业尤其是旱采，会极大地改变河漫滩生境。

5）对环境水质的影响

采砂可能导致水体悬浮物、化学需氧量、重金属等含量的增加。

6）噪声的影响

多数鱼类会本能地回避噪声影响区域，处于越冬期或繁殖期的鱼类如果受噪声影响而出现回避行为，将可能对其生长繁殖产生严重影响。

3. 航道建设对水生生物及其生境的影响

1）爆破冲击波的影响

航道建设大多有炸礁施工，爆破冲击波可以直接导致附近的鱼类被炸死或炸伤。监测表明，航道建设中一次水下爆破后，数百米内鱼卵可能因破裂而停止发育。

2）疏浚施工的影响

比较类似于采砂的影响，可能对底栖动物造成极大破坏。疏浚产生的悬浮物可能对浮游生物具有不利影响。

3）施工噪声的影响

导致鱼类回避，干扰其生长繁殖。

4）河道弃渣的影响

深沱弃渣可能破坏鱼类越冬场。

5）河道永久性构筑物的影响

一些航道建设工程需要在近岸浅水处筑坝，通过束窄过水断面宽处来增加航道深度。水域筑坝一是永久破坏了部分水生生物的栖息环境，对底栖动物和着生藻类尤为不利；二是改变了原有河道岸边部分漫滩地地形，损毁部分河道漫滩上的湿生植被。

4. 取水工程对水生生物及其生境的影响

取水工程对水生生物及其生境的影响主要是长期性影响。相比而言，施工期影响属于阶段性且相对较小的。

1）卷载效应

卷载效应又称卷吸效应，是指电厂取、排水过程对于水中能通过滤网系统而进入冷凝器的小型浮游生物、卵及大型生物和鱼类幼体所造成的损害。它主要包括三个内容，即系统内的瞬时高温冲击（热效应）、机械损伤（机械卷载效应）、化学因素（一些电厂为防止管道堵塞而人为投放液氯）。长江流域取水工程的卷载效应主要表现为机械损伤，机械卷载效应主要是由于取水口流速加大，较快的流速与天然水域形成流速差，使水体压力发生变化，撞击水生生物的胚胎、幼虫、幼体和成体，使其受伤甚至死亡。部分取水量较大的取水工程，可能直接将鱼卵、鱼苗甚至是个体较大的幼鱼吸走。由于河流中的取水口大多设置在近岸水域，而河流中漂流性鱼卵或鱼苗下行时在河流断面上密度并不均匀，近岸水域密度可能较高，而且鱼卵和幼鱼无游泳回避能力或游泳回避能力弱，因此取水口在鱼类繁殖季节可能导致较大数量的鱼类早期资源损失。此外，卷载效应还会导致水体中浮游生物的损失。

2）对水文情势的影响

河道取水会在一定程度上减少径流量，影响下游邻近水域的水文情势，如果取水口下游附近存在产卵场等重要生境，水文情势的改变可能产生不利的后续效应。仅从水资源利用的角度考虑，单一取水口的取水量在取水口断面多年平均流量中的占比较小，这一影响可能尚不明显。但如果在较短距离的河道中设置多个取水口，在枯水季节可能明显降低河道的流速和流量。

5. 护岸工程对水生生物及其生境的影响

1）施工期噪声、悬浮物、废水的影响

可能对邻近水域水质或水生生物产生一定危害。

2）对河漫滩的破坏

河漫滩是陆地与水域的自然过渡区域。河漫滩植物丰富，洪水季节河漫滩是水生动物索饵、产卵、逃避敌害的场所。护岸工程可能会完全改变自然河岸的形态和结构。

6. 码头建设对水生生物及其生境的影响

1）施工期的影响

施工噪声、爆破、悬浮物、局部河岸占用等，对水生生物都可能产生不同程度的影响。

2）永久性构筑物的影响

码头支撑桩和趸船有一定阻水效应，会使码头及附近自然河岸生境发生永久性改变。

3）码头运行的影响

码头建成运行后，船舶的密集进出和靠泊对附近水域水生生物活动有明显干扰。货运码头装卸作业或客运码头人员往来，对水域具有潜在的污染风险。

7. 桥梁工程对水生生物及其生境的影响

1）施工期的影响

不少桥梁建设需要在河道中设置围堰。钢围堰施工可能具有废水、悬浮物、噪声等影响，还有暂时的阻水效应。土围堰施工的各种影响更加严重。

桥梁施工可能在岸边设置施工营地或临时码头，占用河漫滩生境，加之其产生的噪声、悬浮物、废水等对邻近水域水生生物都具有不利影响。

2）运行期的影响

涉水桥墩具有一定阻水效应，对鱼类及其早期资源的通行可能产生干扰。桥上车辆通行可能具有一定的安全风险。城市桥梁的灯饰工程在夜间对鱼类的活动可能产生干扰。

5.2.2 管理部门对涉水工程监管的要点

1. 掌握涉水工程的基本情况

水生生物保护管理机构应当充分了解所辖水域范围内存在哪些可能对水生生物资源环境产生影响的建设和开发项目，包括规划的项目、进入前期工作的项目、建设中的项目、已经建成并运行的项目。管理部门应该熟悉相关法律法规和政策，依法履责，主动介入涉水工程的管理，从相关部门或单位获取有关涉水工程的规划、可行性研究报告、环境影响评价文件及相关的审批文件。

管理机构应该向各方加强宣传，主动向上级汇报，积极争取领导对这项工作的重视和社会的支持；管理机构还可以主动加强与生态环境部门的沟通协调，建立良好的协作机制；管理机构还应该主动关注相关信息，切实加强对辖区水域的执法检查，从检查中发现问题。

2. 判明涉水工程的性质，明确监管策略

水生生物保护管理机构应当针对涉水工程的不同类型、工程所在水域性质、可能影响的水生生物保护级别等，初步判明工程对水生生物影响的程度和范围，提出监管策略。

3. 确定涉水工程监管的关键环节和监管措施

水生生物保护管理机构针对不同的建设项目，确定介入监管的关键时间节点，如环境影响（或专题影响）评价阶段、生态保护措施落实阶段、涉水施工阶段、生态保护措施验收阶段等，明确每一个环节的监管措施和监管手段。

5.3 水产种质资源保护区涉水工程监管

5.3.1 专题影响论证报告编制

根据《水产种质资源保护区管理暂行办法》（农业部令 2011 年第 1 号）及《环境保护部 农业部 关于进一步加强水生生物资源保护 严格环境影响评价管理的通知》（环发〔2013〕86 号）的有关要求，农业农村部对水产种质资源保护区涉水工程专题影响论证做出了规定。

1.专题论证报告编制基本要求

水利工程、航道、闸坝、港口建设及矿产资源勘探和开采等建设项目涉及水生生物自然保护区或种质资源保护区的，或者在保护区外从事有关工程建设活动可能损害保护区功能的，应当按照国家有关规定进行专题评价或论证，并将有关报告作为建设项目环境影响报告书的重要内容。

2.专题论证报告编制单位（以下简称"编制单位"）应具备以下基本条件

具有水生生物资源和生态环境相关专业的高级技术人员 3 名以上，中级技术人员 5 名以上；其中专题论证报告负责人应具有高级职称，并从事水生生物资源和生态环境相关研究 5 年以上。

具备水生生物和水域生态环境专门研究机构或实验室，以及必备的实验仪器、现场调查设备和其他相关工作条件，能够独立开展水生生物资源和生态环境调查评价工作。

具备涉渔工程环境影响专题评价方面的工作经验，掌握评价区域内的水域生态环境和生物资源等方面的基础资料。

掌握国家与地方颁布的有关法律法规、方针政策、产业规划、标准规范和技术文件，能够全面、准确、客观、公正地完成专题论证报告编制工作，并对所编制的报告负责。

3.专题论证报告格式

编制参照《建设项目对国家级水产种质资源保护区影响专题论证报告编制指南（试行）》执行。具体内容查阅指南。

5.3.2 专题论证报告审查和监督落实

1.申请

建设单位或环评单位委托符合条件的单位编制专题论证报告后，向保护区所在地的省级渔业行政主管部门提出审查申请。

2.初审

省级渔业行政主管部门对专题论证报告提出初审意见后，报送长江流域渔政监督管理办公室。

3.审查

长江流域渔政监督管理办公室组织水生生物资源、水域生态环境、渔业管理、工程技术等方面专家组成专家组对专题论证报告进行审查，形成专家审查意见。专家审查之前可根据需要进行实地查看。

4.报告修改

编制单位根据专家审查意见，对专题论证报告进行修改完善。

5. 报批

建设单位与保护区管理机构或所在地省级渔业行政主管部门进行协商，就落实渔业资源生态保护和补偿措施达成一致意见，并以正式文件形式将修改完善后的专题论证报告和有关意见报送长江流域渔政监督管理办公室。

6. 批复

长江流域渔政监督管理办公室对专题论证报告复核后，向建设单位回复意见。

7. 制定保护措施

建设项目被批准后，有关单位根据专题论证报告和有关意见，制定渔业资源生态保护和补偿方案，并严格按照环境保护设施必须与主体工程同时设计、同时施工、同时投入生产和使用（"三同时"）的原则落实。

8. 监管

省级以上渔业行政主管部门负责渔业资源生态保护和补偿措施的监督落实。

5.3.3 保护区管理机构在专题论证报告编制、审查和监督落实中的工作重点

1. 专题论证报告编制环节

根据要求，专题论证报告编制单位应该对保护区水生生物及环境现状进行调查。编制单位进入保护区调查之前，应该向保护区管理机构提出申请，提交承担相关专题论证报告编制的合同、在保护区内开展调查的工作方案等相关材料，如需要进行捕捞，需事先获得特许捕捞证。

专题论证报告编制单位在保护区内的调查应严格按照批准的方案实施，每次调查前应向保护区管理机构报告，管理机构应派人对保护区内的调查工作进行全程监管。

专题报告提出的水生生态保护措施，应该与保护区管理机构协商一致。

2. 专题论证报告审查环节

专题论证报告的审查主要由专家组进行，但保护区管理机构应派人参加并发表意见。保护区管理机构参会人员应事先认真研读专题论证报告，并重点关注以下几个方面的问题。

工程分析。工程所处的准确位置及其与保护区的位置关系如何，涉保护区的建设内容有哪些，主要涉水构筑物规模等参数是否清楚，以及涉保护区的施工方法和工艺、施工期安排、运行方式等如何。

生态环境现状。生态环境调查是否按照申请和批准的方案实施，保护区所涉水系和环境的介绍是否准确，保护区分布的各级保护动物介绍是否全面，以及保护区重要生境（产卵场、索饵场、越冬场、洄游通道）是否符合实际。保护区管理机构尤其要做好水生生物

资源环境本底调查，全面掌握"家底"状况。

保护措施的有效性及可操作性。保护措施是否征求保护区管理机构意见，各项保护措施的目标和任务是否清楚，各项保护措施的实施主体是否明确，以及保护资金如何落实和使用。

3. 工程建设期监督落实

专题论证报告通过审查后，管理机构的工作转为对工程建设和运行及生态保护措施的监管。主要工作内容包括以下几项。

签订生态补偿协议。首先，保护区管理机构应该根据审查通过的专题论证报告规定的内容，要求建设单位与管理机构签订生态补偿协议，按照"谁污染，谁治理；谁破坏，谁恢复"的原则明确各自的责任，管理机构的任务重在对工程的监管和保护区管护能力建设等工作。

工程建设阶段的全过程监管。动工前建设单位应提交生态保护措施实施方案，明确每项措施的具体内容、实施主体、实施进度、实施方法、资金预算、验收要求，报保护区管理机构认可。管理机构应该定期对工程现场进行实地巡查，及时发现问题。对于建设过程中水下爆破等影响重大的涉水施工内容，保护区管理机构应该进行现场监督。

生态保护措施专题验收。在各项生态保护措施完成后，建设单位应该开展生态保护措施专题验收，对各项措施的落实情况及其成效进行评估，并提出下一步的工作建议，验收报告应该报保护区管理机构认可。

4. 工程运行期监督落实

涉水工程环境影响评价报告（专题评价报告）及其批准文件通常都有运行期监管的具体要求。运行期监管的重点工程项目是水利水电枢纽、取水口、排污口、码头等；其次是桥梁、过江隧道。

运行期监督的重点是环保设施是否正常运行，影响是否严重超出预测，风险事故防范是否落实。以水电工程为例，运行期监管重点包括河道生态流量是否满足要求、是否下泄低温水、下泄水有无气体过饱和、是否开展生态调度、过鱼措施实施情况、增殖放流和栖息地保护措施落实情况等。

5.3.4 违法行为查处

对监管中发现的涉水工程的相关违法行为，保护区管理机构要以办案的方式执法介入、立案调查；要形成证据链条证明建设单位存在违法行为，并对渔业资源和环境造成了破坏、损失。

典型的违法行为包括：工程环评手续齐全，但没有严格执行；工程有环评手续，但内容严重失实；工程未开展专题影响评价或论证，且造成渔业资源损失。

5.4 水生生物自然保护区涉水工程监管

2009年，农业部关于印发《建设项目对水生生物国家级自然保护区影响专题评价管理规范》的通知（农渔发〔2009〕4号），明确了涉水生生物国家级自然保护区建设项目的管理要求，2018年之前，各地也是按照相关要求开展工作。2018年，中共中央印发的《深化党和国家机构改革方案》要求，"组建国家林业和草原局""将国家林业局的职责，农业部的草原监督管理职责，以及国土资源部、住房和城乡建设部、水利部、农业部、国家海洋局等部门的自然保护区、风景名胜区、自然遗产、地质公园等管理职责整合，组建国家林业和草原局，由自然资源部管理。国家林业和草原局加挂国家公园管理局牌子"。之后长江流域各省（自治区、直辖市）将原来由渔业行政主管部门负责的水生生物自然保护区管理职能划转到了国家林业和草原局。而根据《野生动物保护法》，国务院林业草原、渔业主管部门分别主管全国陆生、水生野生动物保护工作。县级以上地方人民政府林业草原、渔业主管部门分别主管本行政区域内陆生、水生野生动物保护工作。因此，在机构改革背景下，水生生物自然保护区的管理工作在不同机构之间出现了一些重叠。

在相关法律法规完善之前，农业农村部门与林业和草原部门均负有长江流域水生生物自然保护区涉水工程监管职责。

5.4.1 专题评价报告编制

1. 专题评价报告编制基本要求

根据《建设项目对水生生物国家级自然保护区影响专题评价管理规范》，在水生生物国家级自然保护区内或其周边的拟建项目，凡可能对保护区造成不利影响的，须由建设单位委托具备条件的单位，编制建设项目对保护区影响的专题报告。

2. 编制单位

承担专题报告的编制单位需具备以下条件：①设有专门的水生动植物和水域生态环境保护研究机构；②具备水生动植物和水域生态环境实验室及必要的实验仪器和现场调查设备；③专职从事水生动植物和水域生态环境保护的研究人员中，研究员（教授、教授级高工）在1名以上，或副研究员（副教授、高工）在3名以上。

3. 专题评价报告格式

编制报告的章节和具体内容参照《建设项目对水生生物国家级自然保护区影响专题评价管理规范》执行，但由于机构职能调整，报告名称需修改为《×××工程对×××国家级自然保护区水生生物及其生境影响专题评价报告》。

5.4.2 专题评价报告审查和监督落实

1. 申请

建设单位或环评单位委托符合条件的单位编制专题评价报告后，向保护区所在地的省级渔业行政主管部门或保护区主管部门提出审查申请。

2. 初审

省级渔业行政主管部门或保护区主管部门对专题评价报告提出初审意见后，报送长江流域渔政监督管理办公室。

3. 审查

长江流域渔政监督管理办公室组织水生生物资源、水域生态环境、渔业管理、工程技术等方面专家组成专家组对专题评价报告进行审查，形成专家审查意见。专家审查之前可根据需要进行实地查看。

4. 报告修改

编制单位根据专家审查意见，对专题评价报告进行修改完善。

5. 报批

建设单位与保护区管理机构、省级渔业主管部门协商，就落实水生生物资源保护和补偿措施达成一致意见，并以正式文件形式将修改完善后的专题评价报告和有关意见报送长江流域渔政监督管理办公室。

6. 批复

长江流域渔政监督管理办公室对专题评价报告复核后，向建设单位回复意见。

7. 制定保护措施

建设项目被批准后，项目业主单位须与保护区管理机构签订生态补偿协议，有关单位根据专题评价报告和有关意见，制定水生生物资源保护和补偿方案，并严格按照"三同时"原则落实。

8. 监管

保护区主管部门负责水生生物保护和补偿措施的监督落实。渔业行政主管部门根据职责承担相关监管工作。

5.4.3 保护区管理机构在专题评价报告编制、审查和监督落实中的工作重点

与水产种质资源保护区涉水工程中保护区管理机构的职责基本相同，但保护区管理机

构需注意与渔业主管部门的沟通和协调。

5.4.4 违法行为查处

与水产种质资源保护区涉水工程中违法行为的查处要求基本一致，但需要区分保护区管理机构与渔业主管部门的分工。涉保护区违法行为的查处由保护区管理机构承担，涉水生生物违法行为的查处，由渔业主管部门承担。

参 考 文 献

曹文宣. 2019. 长江上游水电梯级开发的水域生态修复问题. 长江技术经济, (2): 5-10.

樊响. 2014. 对涉水涉渔工程生态补偿的立法思考. 中国水产, (8): 23-25.

卢锟. 2023. 长江水生生物保护规制工具优化研究. 四川环境, 42(3): 312-316.

索维国, 袁晖, 宋骏驰. 2017. 强化涉渔工程监管落实生态补偿机制的探索和思考. 中国水产, (10): 48-50.

06

第 6 章　增殖放流管理

6.1 增殖放流的目的和意义

6.1.1 增殖放流的概念

根据《水生生物增殖放流管理规定》（农业部令第 20 号），水生生物增殖放流，是指采用放流、底播、移植等人工方式向海洋、江河、湖泊、水库等公共水域投放亲体、苗种等活体水生生物的活动。

而在学术层面，广义的增殖放流还包括改善水域的生态环境、向特定水域投放某些装置（如附卵器、人工鱼礁等）及野生种群的繁殖保护等间接增加水域种群资源量的措施（庄平等，2025）。

6.1.2 增殖放流的目的

1. 补充和恢复生物资源

《中国水生生物资源养护行动纲要》要求，重点针对已经衰退的重要渔业资源品种和生态荒漠化严重水域，采取各种增殖方式，加大增殖力度，不断扩大增殖品种、数量和范围。

《水生生物增殖放流管理规定》第一条中的"为规范水生生物增殖放流活动，科学养护水生生物资源"，明确了增殖放流的目的之一是科学养护水生生物资源。

由于各种人为因素的影响，长江流域不少珍稀特有种类或主要经济种类资源量明显降低，而且较难在一段时期内通过自然繁殖得到恢复，通过增殖放流对这些种类的种群数量进行人工补充，可以在较短时间内增加其资源量。

2. 保护生物多样性

《中国水生生物资源养护行动纲要》要求，建立水生野生动物人工放流制度，制订相关规划、技术规范和标准，对放流效果进行跟踪和评价。

《野生动物保护法》规定，省级以上人民政府野生动物保护主管部门可以根据保护国家重点保护野生动物的需要，组织开展国家重点保护野生动物放归野外环境工作。

《水生生物增殖放流管理规定》第一条中的"为规范水生生物增殖放流活动，科学养护水生生物资源，维护生物多样性和水域生态安全"，明确了增殖放流的目的也是维护生物多样性和水域生态安全。

由于各种因素的影响，长江流域不少水域的生物多样性有所降低，表现为物种数量的减少和不同种类之间数量比例的失衡。通过增殖放流，有意识地补充消失的物种或数量偏少的物种，可以增加生物多样性，改善生态平衡。

3. 改善水质和水域的生态环境

增殖放流同时可以通过放流物种的摄食过程改善水质和水域的生态环境。例如，放流的一些滤食性的鱼类、贝类，可以滤食水中的浮游生物和颗粒有机物，降低产生水华的风险，并减小水体的耗氧量。放流的草食性鱼类，可以对水域中浮萍等漂浮植物的爆发性生长起到抑制作用。一些水生动物，尤其是贝类等有壳类，生长过程中要固定大量的碳元素，具有一定的碳汇作用。

4. 促进渔民增收

一段时期以来，长江流域各地均大规模地放流了水生生物经济物种，放流之后经过一段时间的生长，可以明显提高捕捞产量，增加渔民收入。长江流域全面禁捕以来，一些地方出现的部分经济鱼类集群出现的现象，大多属于禁捕前放流的经济鱼类。

5. 增强全社会的生态保护意识

在长江大保护的背景下，各地政府和渔业主管部门都非常重视增殖放流工作，每年都组织开展大规模的增殖放流活动。从2007年到2009年，全国投入增殖放流的资金超过11亿元人民币，增殖放流各类水产苗种超过630亿尾。自2015年起，每年6月6日被定为全国"放鱼日"。2023年6月6日是第9个全国"放鱼日"，增殖放流活动在27个省（自治区、直辖市）、3个计划单列市和新疆生产建设兵团同步举行，全国各地共举办增殖放流活动300余场，放流各类水生生物苗种8.5亿余尾。社会各界及全民参与的增殖放流活动，极大地提升了全社会的生态保护意识（余向东等，2022）。

6. 补偿涉水工程等人类活动造成的生态影响

为了补偿涉水工程、非法捕捞等人类活动对水生生物的不利影响，管理部门或执法机构也常常将增殖放流作为一项重要措施。

6.1.3 增殖放流的项目和资金来源

1. 财政资金安排

中央和地方财政安排的专项资金，是各地增殖放流项目的主要来源之一。

2. 涉水工程生态补偿

各类涉水工程，特别是涉水生生物保护区的建设项目，安排的生态保护措施中一般包括增殖放流的措施和相应资金。

3. 司法裁决

近年来，长江流域一些地方的司法部门在审理非法捕捞犯罪案件时，为了更好地保护水生生态，在判决中纳入了强制犯罪嫌疑人实施增殖放流的内容，起到了较好的示范作用。

4. 公益组织的活动

社会公益组织是致力于社会公益事业和解决各种社会性问题的民间志愿性的社会中介组织。一些以生态环境保护为主要目标的社会公益组织，也会开展增殖放流活动。

5. 宗教团体的活动

一些协会、寺庙等宗教团体，出于行善等目的，自身或组织信众开展水生生物放生活动。

6. 个人自发行为

一些个人因各种原因自行开展的水生生物放生活动。

6.1.4 增殖放流的主要管理制度

1.《水生生物增殖放流管理规定》

2009年3月24日以农业部令第20号发布，自2009年5月1日起施行。全文共十九条，是目前水生生物增殖放流管理的主要文件。

2.《水生生物增殖放流技术规程》（SC/T 9401—2010）

这是关于增殖放流的一项行业标准，2010年12月23日发布，2011年2月1日起实施。本标准规定了水生生物增殖放流的水域条件、本底调查，放流物种的质量、检验、包装、计数、运输投放，放流资源保护与监测，效果评价等技术要求，标准适用于公共水域的水生生物增殖放流。

3.《农业部办公厅关于进一步规范水生生物增殖放流工作的通知》

2017年7月10日，农业部为保障放流苗种质量安全，推进增殖放流工作科学有序开展，根据《中国水生生物资源养护行动纲要》《水生生物增殖放流管理规定》等有关要求，就进一步规范水生生物增殖放流工作发出该通知。该通知主要内容包括，健全增殖放流供苗单位的监管机制、加强增殖放流苗种种质监管、强化增殖放流苗种质量监管、强化增殖放流苗种数量监管等。

6.2 增殖放流的物种选择

6.2.1 本地种

《长江保护法》第四十二条规定，"禁止在长江流域开放水域养殖、投放外来物种或者其他非本地物种种质资源"。《水生生物增殖放流管理规定》明确要求，"用于增殖放流的亲体、苗种等水生生物应当是本地种。苗种应当是本地种的原种或者子一代，确需放流其他苗种的，应当通过省级以上渔业行政主管部门组织的专家论证。禁止使用外来种、杂交种、转基因种以及其他不符合生态要求的水生生物物种进行增殖放流"。

但对"本地种"如何界定，相关法律法规并未明确。在学术上，本地种也称地方种或乡土种，指某一地区内原有的，而不是从其他地区迁移或引入的生物物种。至于"某一地区"的具体范围，可以以特定水生生物的自然分布范围及扩散范围作为认定的依据。也就是说，对特定水生生物物种而言，在其自然分布水域内，或者在其自然扩散可以到达的水域内，可以认定为该水域的本地种（徐鑫等，2022）。

需要指出的是，"本地种"首先是物种概念，也应该是地理种群概念。例如，鲢、鳙在黑龙江流域、长江流域和珠江流域均有自然分布，但研究表明，来源于两水系的鲢鱼的生长速度有着规律性的差异（李思发等，1989）。群体间遗传相似性和遗传距离比较显示，黑龙江鲢与长江鲢群体间相似系数较高，遗传距离较小，表明二者遗传分化差异也最小；珠江鲢与长江鲢间的相似系数最小，遗传距离最大，其遗传分化差异较大；而长江3个群体间遗传相似系数最大，遗传距离最小（姬长虹等，2009）。

因此，为了保证特定水域中特定物种的遗传特征，应该避免跨流域引入增殖放流个体。另外需要注意的是，本地种是指原种，不能放流人工选育的品种。

6.2.2 有利于提升生物多样性的物种

增殖放流对象在选择本地种的基础上，应该优先考虑种群数量明显低于正常水平的物种、种群结构失调的物种（主要是年龄结构和性别结构失调）、生活史受到阻碍的物种（主要是繁殖条件不能满足的物种）、补充生态位的物种（优先考虑营养生态位，其次考虑空间生态位）。增加这些物种的增殖放流数量，可以有效提高水域的水生生物多样性，提升水生生物完整性指数。

6.2.3 有利于恢复和增加渔业资源的物种

长江流域是我国淡水渔业的摇篮，承担了重要的渔业功能。虽然长江流域在十年禁捕背景下禁止生产性捕捞，但这一区域也是鱼类基因的宝库，为我国水产养殖的主要种类提供了源源不断的原种供给。因此，对于资源量衰退的重要资源物种，也应该适度地进行增殖放流。

6.2.4 有利于净化水质的种类

在一些营养物质浓度较高、浮游藻类或漂浮植物生物量偏高的水域，适度放流滤食性的鲢、鳙或草鱼，可以控制这些水生生物的增长，同时通过食物链将水体中的营养物质加以固定或去除。在一些深度较浅、水体中悬浮有机物或浮游藻类含量较高的水体，可以放流贝类等底栖动物，除了增加生物多样性，也有助于净化水质。

6.2.5 来源可靠的物种

增殖放流对象的选择，放流个体的有效供应是基础。长江流域各地可以根据本地区具体情况，选择适宜的放流物种，并通过人工驯养和人工繁育，努力解决这些物种放流个体的供应问题。

6.2.6 放流个体的来源

1. 外源

按照《水生生物增殖放流管理规定》，"用于增殖放流的人工繁殖的水生生物物种，应当来自有资质的生产单位。其中，属于经济物种的，应当来自持有《水产苗种生产许可证》的苗种生产单位；属于珍稀、濒危物种的，应当来自持有《水生野生动物驯养繁殖许可证》的苗种生产单位。渔业行政主管部门应当按照'公开、公平、公正'的原则，依法通过招标或者议标的方式采购用于放流的水生生物或者确定苗种生产单位。"

按照上述规定，目前用于增殖放流的个体，很可能来自接纳水体以外，可以称之为"外源"。当然，只要放流个体来源符合要求，外源是没有任何问题的。

2. 内源

在长江流域部分水域，一些鱼类可以正常生长，并达到性成熟年龄，但由于环境条件不适宜，可能无法自然繁殖。在这种情况下，可以将天然水域中达到性成熟的个体捕捞上岸，通过人工催产繁育苗种，再将这些苗种放流到原来的水体。增殖放流个体的这一来源可被称为"内源"，目前我国青海湖裸鲤的增殖放流就是采取这种方式。"内源"供应放流个体具有较为明显的优势，可以更好地满足本地种甚至是本地种群的要求，避免了"外源"可能对放流水域物种遗传多样性的影响。

6.3 增殖放流的规格和数量

6.3.1 增殖放流规格

增殖放流规格可以包括受精卵、苗种、性成熟个体、经产亲本。《水生生物增殖放流技术规程》将放流规格分为大规格和小规格两类，以鱼类为例，大规格平均代表长度≥80mm，小规格80mm＞平均代表长度≥20mm。实际操作中，大多数情况下放流的是大规格苗种。

增殖放流规格的选择取决于多种因素，放流后的成活率也有较大差异。

就增殖放流成活率而言，一般认为放流个体越大，放流后的成活率越高。但是，放流个体越大，也意味着在人工条件下养殖的时间越长，进入放流水域后对自然环境的适应性越差。例如，自然繁殖的苗种，其索饵能力是自然形成的，开口饵料也是自然选择的，早期死亡率可能较高，但一旦生长到苗种阶段，对自然环境已经完全适应，成活率可能明显提升。而人工培育的苗种，开口饵料可能是人工投喂的，摄食行为可能还需要诱食环节，虽然早期成活率和生长速度可能比自然繁殖个体更快，但进入放流水体后，由于环境条件的巨大改变，成活率可能并不一定理想。

为了使放流个体在天然水域中尽快参与繁殖，一些地方选择种类放流了性成熟个体、经产亲本，可能正是由于长期的人工养殖降低了其对自然环境的适应性，放流效果并不明显。

此外，放流规格的选择还必须考虑放流个体供应的可行性。长江流域绝大多数鱼类在春季繁殖，选择苗种作为放流对象，苗种供应单位一般当年即可完成生产。如果选择更大的个体作为放流对象，需要供苗单位跨年度生产，在场地、设施设备、生产资金等方面都存在更大困难，可能还不适宜大规模增殖放流。

如何提高人工繁育个体对放流水域自然环境的适应能力，可能是增殖放流中值得重视的一个问题。

6.3.2　增殖放流数量

《水生生物增殖放流技术规程》要求在放流前开展本底调查，对拟增殖放流水域进行生物资源与环境因子状况调查，并据此选划适宜增殖放流水域，筛选适宜增殖放流种类，确定适宜增殖放流物种的生态放流量及放流数量比例等。

但落实到具体水域，究竟如何确定放流数量，还没有可普遍采纳的方法。在长江全面禁捕的背景下，增殖放流个体的数量确定也可以参考放流物种选择的要求，即按照有利于提高水域的水生生物多样性、有利于恢复和增加渔业资源、有利于净化水质、来源可靠的原则来确定。

从提高生物多样性的角度考虑，在生态学上生物多样性指数主要取决于物种数和各物种个体数的均匀程度。按照长江水生生物完整性指数计算方法，水生生物完整性指数的组成指标中，可以通过增殖放流来调整的相关指标主要是：种类数、资源量、重点保护物种、特有鱼类、优势科、营养结构、区域代表物种等。因此，在确定放流数量时，要考虑如何提高生物多样性指数，更要重视提高水生生物完整性指数的需要。

从有利于恢复和增加渔业资源的角度考虑，应该在探明主要资源种类现存量和环境容纳量的基础上，合理推算增殖放流数量。

从有利于净化水质的角度考虑，需要充分调查浮游藻类生物量和增长速度、漂浮植物生物量和增长速度、颗粒有机物含量及其补充量、氮浓度、磷浓度等指标，在此基础上，结合水域中相关水生生物现存量，确定合理的用于净化的水生生物数量。

从来源考虑，放流对象的生产规模应该满足放流数量的需要。但需要指出的是，要避免片面根据苗种供应量来确定放流数量，苗种供应量只是确定放流数量的标准之一，而不应该作为主要的考虑因素。

6.4　增殖放流的地点和时间

6.4.1　增殖放流地点

按照《水生生物增殖放流技术规程》，放流水域应该是增殖放流对象的产卵场、索饵场或洄游通道，同时非倾废区，以及非盐场、电厂、养殖场等的进、排水区。放流水域的基本条件应该满足的是，水域生态环境良好，水流畅通，温度、盐度、硬度等水质因子适宜，水质符合《渔业水质标准》（GB 11607—1989）的规定，底质适宜，底质表层为非还原层污泥，增殖放流对象的饵料生物丰富，敌害生物较少。

在具体工作中，可以在上述要求的基础上细化，尤其是珍稀种类的放流地点的选择，应该更为严格。条件允许时，放流地点的选择可以进一步考虑以下因素。

1. 放流对象的生境适应性评价

每一种水生生物对环境条件的要求都具有一定的特殊性，珍稀特有鱼类更为明显。可以根据放流对象对主要环境指标的适应范围，对预算放流区域进行生境适应性评价。例如，西南大学选择长江鲟关键栖息地生境的 5 个因子，分别为水深、流速、底质类型、底栖动物丰度及水温，对长江上游四川、重庆段长江鲟关键栖息地进行评估，结果显示长江上游重庆段湾沱生境对长江鲟适宜性较高。

2. 放流对象完成生活史的需求

例如，历史上长江鲟的产卵场仅分布于金沙江下游和长江上游干流，幼鱼肥育场所主要在长江干流合江至江津江段，更大的个体大量出现在重庆至万州江段。在水电工程建设的背景下，长江鲟的分布规律与历史相比有一定变化，但监测表明，重庆江段仍然是长江鲟十分重要的分布水域。

3. 放流对象对新环境逐步适应的需要

由于放流个体一般经历了较长时间的池塘养殖，突然进入江河水域后较难快速适应新的环境。如果将环境较为稳定的湾沱水域作为放流地点，对多数物种可能较为适宜。

4. 避免过度聚集

同一物种尽量分散到多个地点放流，避免局部水域密度过高，也更有利于放流个体的扩散。

6.4.2 增殖放流时间

按照《水生生物增殖放流技术规程》的要求，应该根据增殖放流对象的生物学特性和增殖放流水域环境条件确定适宜的投放时间。气象条件应选择晴朗、多云或阴天进行增殖放流，其中内陆水域风力五级以下、海洋风力七级以下。农业农村部规定 6 月 6 日是全国"放鱼日"，始于 2015 年。农业农村部渔业渔政管理局原副局长崔利锋指出，建议"放鱼日"的日期在 6 月 6 日，一是这个时间处在春夏之交，正好是鱼的生长繁殖季节，投放小鱼苗正好；二是 6 月 6 日也在海洋伏季休渔和长江禁渔期之内，同时也比较容易记。

在具体操作中，可以进一步细化的原则是：放流苗种可供时间；避免极端天气条件；避免极端水文条件；有利于放流个体逐渐适应接纳水域的环境。总体上春秋两季较为适宜。

6.5 增殖放流方法

6.5.1 投放方法

按照《水生生物增殖放流技术规程》的要求，增殖放流的投放方法为 4 种。

1. 常规投放

人工将水生生物尽可能贴近水面（距水面不超过 1m）顺风缓慢放入增殖放流水域。在船上投放时，船速小于 0.5m/s。

2. 滑道投放

适用于大规格鱼类、龟鳖类等水生生物增殖放流。将滑道置于船舷或岸堤，要求滑道表面光滑，与水平面夹角小于 60°，且其末端接近水面。在船上投放时，船速小于 1m/s。

3. 潜水撒播

适用于海参、鲍、贝类等珍贵水生生物增殖放流。由潜水员将增殖放流生物均匀撒播到预定水域。

4. 移植栽培

适用于水生植物增殖放流。将水生植物直接或通过人工附着基质间接移栽至水下附着物上。

6.5.2 投放记录

水生生物投放过程中，观测并记录投放水域的底质、水深、水温、盐度、流速、流向等水文参数及天气、风向和风力等气象参数。

6.5.3 放流资源的保护与监测

1. 资源保护

增殖放流资源保护措施主要包括：①增殖放流前，对损害增殖放流生物的作业网具进行清理；在增殖放流水域周围的盐场、大型养殖场等纳水口设置防护网。②增殖放流后，对增殖放流水域组织巡查，防止非法捕捞增殖放流生物资源。③需特别保护的放流生物，在增殖放流水域设立特别保护区或规定特别保护期。

2. 资源监测

增殖放流后，根据《长江水生生物资源监测手册》（陈大庆等，2021）和《渔业生态环境监测规范 第 3 部分：淡水》（SC/T 9102.3—2007）的方法，定期监测增殖放流对象的生长、洄游分布及其环境因子状况。提倡进行标志放流。

6.5.4 效果评价

增殖放流后，进行增殖放流效果评价，编写增殖放流效果评价报告。效果评价内容包括生态效果、经济效果和社会效果等。其中，生态效果评价中的生态安全评价前后间隔不超过 5 年。

6.6 民间放生活动的管理

6.6.1 什么是放生

按照词典的解释，放生是指把捕获的小动物放掉。更具体一些，放生即赎取被捕之鱼、鸟等诸禽兽，再放于池沼、山野之中。很多人在谈到这一现象时，更多地把水生生物放生与增殖放流相联系。那么，放生是不是属于增殖放流呢？

根据 2009 年农业部制定并发布的《水生生物增殖放流管理规定》的定义，"本规定所称水生生物增殖放流，是指采用放流、底播、移植等人工方式向海洋、江河、湖泊、水库等公共水域投放亲体、苗种等活体水生生物的活动"。

显然，所谓水生生物放生，都是向水体投放活体水生生物的活动，自然是属于增殖放流的范畴。应该也必须在《水生生物增殖放流管理规定》的管理框架内实施。

但是，虽然《水生生物增殖放流管理规定》对水生生物增殖放流的全过程做出了明确规定，但为什么目前各地都普遍反映"放生"活动中存在诸多问题，各级相关管理部门也感觉对放生活动的监管较为困难呢？

虽然从法律或政策上，所谓"放生"无疑是属于"增殖放流"，但可能也不可简单地将其等同于相关文件中规定的"增殖放流"。

首先，两者在目的上可能不一致。

制定《水生生物增殖放流管理规定》的目的是"为规范水生生物增殖放流活动，科学养护水生生物资源，维护生物多样性和水域生态安全，促进渔业可持续健康发展"，也就是说，增殖放流一方面是为了恢复或增加特定种群的数量、改善和优化水域的群落结构，另一方面是为了改善水域的生态环境。

而社会公众的"放生"，可能更多是出于积德行善的朴素理念，并没有考虑对水生生物或水生态环境有多大好处。

其次，两者在规程上区别很大。在法律上，水生生物增殖放流要严格依照符合科学原理的程序实施。而社会公众的"放生"，基本上是按照当事人的心愿开展，总体上是比较随意的。

为了更好地规范社会上的放生活动，认识到上述差异还是很有必要的。并且需要在承认这一差异的前提下，进一步分析人们参与放生的动机。

6.6.2 放生中存在的问题

由于参与放生活动的人员大多数比较缺乏专业知识和法律知识，不少放生活动已经引起了较为严重的生态和社会问题（罗霞和杨孔，2020）。

1. 放生动物的非正常死亡

很多放生活动仅仅是将鱼类等水生动物简单地投放到天然水域，基本没有考虑接纳水域是否适宜放生物种的生存，或者将市场购买、没有经过野化训练的动物直接放生，结果可能导致放生动物大量死亡。

2. 造成生物入侵，威胁生态安全

许多放生者缺乏鉴别物种的专业技术和意识，其放生行为导致外来物种入侵我国一些自然水体，导致本地物种种群数量下降甚至灭绝，严重威胁我国的生态安全。

3. 导致生物多样性丧失和环境污染

很多放生的鱼类来自市场购买，属于选育品种甚至是杂交种，进入天然水域后可能与野生个体杂交，破坏野生种群的遗传多样性。一些放生动物没有经过检疫及病虫害防治措施，其携带的病原生物进入天然水域，危及当地原生物种的生存安全，降低天然水域的生物多样性。此外，放生鱼类的大量死亡可能导致接纳水体污染，威胁生态环境及人类健康。

4. 助长非法捕捞销售水生野生动物的行为

在一些地方，随着放生活动出现的水生野生动物供应链条，一些不法商贩捕捞水生野生动物，然后售卖给放生人员进行放生，利益驱动可能助长水生野生动物的非法捕捞和交易活动。甚至出现海龟被放生后，又很快被再次捕捉、重新非法贩卖的极端荒唐现象。

6.6.3 怎样引导放生活动

由于放生人员大多数认为自己的行为是积德行善，习惯于把自己放在道德高点上，对其进行管理往往比较困难，单纯地向他们宣讲科学放生、合法放生的知识也未必有效。管理部门应该按照相关法律法规依法强化管理，必要时执法机关还应该对严重违法的放生活动进行查处。

一部分人员参与放生是实现自身的功利需求，但随意放生可能触犯法律，需要承担法律责任，例如，《长江保护法》规定，"违反本法规定，在长江流域开放水域养殖、投放外来物种或者其他非本地物种种质资源的，由县级以上人民政府农业农村主管部门责令限期捕回，处十万元以下罚款；造成严重后果的，处十万元以上一百万元以下罚款；逾期不

捕回的，由有关人民政府农业农村主管部门代为捕回或者采取降低负面影响的措施，所需费用由违法者承担。""违反本法规定，构成犯罪的，依法追究刑事责任。"《中华人民共和国生物安全法》规定，"违反本法规定，未经批准，擅自释放或者丢弃外来物种的，由县级以上人民政府有关部门根据职责分工，责令限期捕回、找回释放或者丢弃的外来物种，处一万元以上五万元以下的罚款。""违反本法规定，构成犯罪的，依法追究刑事责任；造成人身、财产或者其他损害的，依法承担民事责任。"于己不仅不利，相反甚至有害（贺震，2023）。

6.6.4 怎样规范放生活动

应该严格地按照相关法律法规对放生活动进行严格的审批和监管。

但是，的确也有必要考虑到相当一部分放生人员的朴素需求。毕竟，只要符合管理规定和科学原理，放生也是可以发挥有益功能的。

总体上不宜提倡大范围、大规模的公众放生，因为增殖放流对科学性和技术性要求极高，专业的事情还是应该有专业机构和专业人员来做。具体可以考虑以下两种方案。

一是各地相关部门可以根据当地水域条件和水生生物资源状况，制定年度性增殖放流规划，明确各水体的放流种类、数量、规格、时间、资金预算等要素，其中除了应该由政府承担的任务外，将一部分适合公众参与的内容向社会公布，鼓励和接纳放生人员的认捐。实施相应的增殖放流活动时邀请捐赠人员参与，并通过适当平台全程直播，接受公众监督。

二是在一些条件适宜且相对封闭的水域，如水库、小型河流等，设置固定放生点，供零散的放生人员放生少量的水生生物。在这些地点设立公告牌，明示允许放生的水生生物种类、规格和数量，提供若干符合要求的供苗单位名单，明确放生活动必须报批，注明审批机构、申请方法等。在固定放生点设置监控视屏。

参 考 文 献

陈大庆，赵依民，林祥明，等.2021.长江水生生物资源监测手册.北京:中国农业出版社.

贺震.2023.以法规的形式规范野生动物放生十分必要.中国环境监察.(11): 62-63.

姬长虹，谷晶晶，毛瑞鑫，等.2009.长江、珠江、黑龙江水系野生鲢遗传多样性的微卫星分析.水产学报，33(3): 364-371.

李思发，周碧云，倪重匡，等.1989.长江、珠江、黑龙江鲢、鳙和草鱼原种种群形态差异.动物学报，35(4): 390-398.

罗霞，杨孔.2020.科学放生管理初步研究.绵阳师范学院学报，29(3): 38-41.

徐鑫，孔清，任晓强，等.2022.增殖放流与渔业种群遗传多样性保护.水产养殖，(6): 17-22.

余向东，刘立明，罗刚.2022.循生态之道 得鱼水和谐:我国开展水生生物增殖放流行动综述.中国水产，(3): 56-64.

庄平，赵峰，罗刚，等.2025.水生生物资源增殖放流的发展历程与问题思考.水生生物学报，49(1): 1-12.